在厨房遇见MASA

Meet MASA in the kitchen

给料理新手的100道快乐食谱

（日）MASA 著

河南科学技术出版社

·郑州·

图书在版编目（CIP）数据

在厨房遇见MASA／（日）MASA著．—郑州：河南科学技术出版社，2012.7

ISBN 978-7-5349-5195-4

I.①在… II.①M… III.①菜谱-日本 IV.①TS972.183.13

中国版本图书馆CIP数据核字（2012）第045500号

出版发行：河南科学技术出版社
　　　　　地址：郑州市经五路66号　　邮编：450002
　　　　　电话：(0371) 65737028　　65788613
　　　　　网址：www.hnstp.cn
策划编辑：刘　欣
责任编辑：李　娟
责任校对：柯　姣
封面设计：水长流文化
印　　刷：北京瑞禾彩色印刷有限公司
经　　销：全国新华书店
幅面尺寸：170mm×230mm　　印张：14　　字数：250千字
版　　次：2012年7月第1版　　2012年7月第1次印刷
定　　价：36.00元

如发现印、装质量问题，影响阅读，请与出版社联系调换。

preface

自序

欢迎来到 MASA的厨房

我在台湾住了六年了。

来台湾之前，我住在加拿大，结识了很多不同国家的人之后，我对自己国家的看法改变了很多。以前住在日本时，很普通的事、很普通的想法，在国外就变成很特别的事、很特别的想法。后来发现，料理也是一样，每个国家的人对料理都有不同的认识。但是，我也发现，不管哪个国家，虽然很多人对下厨做菜都很感兴趣，但问题是，很多人总不清楚从哪里开始，或觉得自己做菜有一点难、有一点麻烦……

我知道做料理好玩，也知道做料理很辛苦、麻烦，而且，有的人要每天照顾家人，非常辛苦，非常累。我担任厨师已经二十多年了，仍觉得料理的世界很深奥，自己还有很多不懂的东西，还在学习中。

因为尊敬的前辈们很努力地开拓了料理世界，现在我们才可以这么轻松地享受日本料理。

每个国家都有非常棒的饮食文化，对于全世界的烹饪史，我了解的非常少，但是，我想用自己学过的知识、技术帮助有需要的人，让大家都知道，料理世界有多么好玩、多么快乐，所以，我开始写博客。

因为有大家的支持，终于，出版食谱书的梦想实现了！

有了这本食谱以后，相信可以给比较少用电脑或曾经想要参考我的食谱却无法马上使用电脑的朋友帮上忙！

还有，我希望看得懂中文的读者，都可以看到、拿到、买到我的食谱书。

接着，我想要谢谢给我这个无名的日本人出书机会的 Mavisさん，感谢你创造了非常棒的料理教室，让我自在轻松，可以充分表现出自我风格；感谢Etaさん，因为有你的教室，大家才能看到我开心做料理的样子；感谢每次都非常专业帮我的Soacさん与制作团队的全体人员；感谢把特别多的图片、不规则的步骤、乱用文字(ー_ー;)的文稿，非常辛苦地处理得如此完美的美术设计与编辑们；还有其他协助我出书的朋友，当然，包括从全世界各地访问我博客的粉丝们；最后，感谢每次都支持、鼓励我，给我很好建议的Lydia。谢谢大家！

也希望，因为这本书与我相遇的读者，可以在MASA的厨房里度过幸福的时光！

Contents

目录

Part 1 主食 Main Dishes

Part 2 肉类 Meat

Part 3 海鲜 Seafood

Part 4
蔬菜
Vegetables

使用本书之前您必须知道的事：

1 本书材料重量与容量换算表：＊1kg＝1000g。＊1杯＝240mL＝16大匙；1大匙＝15mL；1小匙＝5mL。

2 各种调味料中，每种牌子的咸度都不一样，建议您参考书上的比例，再调整成自己喜欢的口味。

Tools

MASA的料理道具

常有人问我："MASA老师，要用什么特别的厨具才可以把料理做成像你做的那样啊？"通常我都回答："我并没有使用什么特别订制的厨具，只用一般外面买得到的简单料理工具而已！"其实每个人都有不一样的习惯，如果你是料理新手，或刚开始对做料理有兴趣的话，也许不知道什么样的厨具比较适合自己，在这里给你提供一些参考。

特别是在不同的国家，许多料理的做法也不太一样，个人习惯也不同。贵的厨具也不见得好用，最重要的是，你用得方便顺手，或你自己喜欢就好了！来，一起看看"MASA的料理道具"吧！

切割（Cut）

1 砧板、抹布

由于塑料材质的砧板很滑，切食物的时候，食物常常跑来跑去，所以下面可以铺一块湿一点的抹布，以预防砧板滑动。砧板很容易发霉，一定要好好保养。每次用完并洗干净抹布后，就放在外面让它晒太阳，可延长使用寿命。

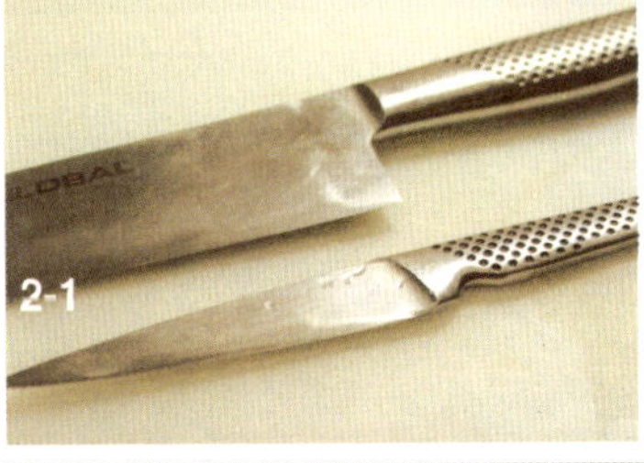

2 刀（牛刀、小刀）

平常只要使用一把牛刀就够了，切肉类、鱼类、菜类都可以，也可以处理

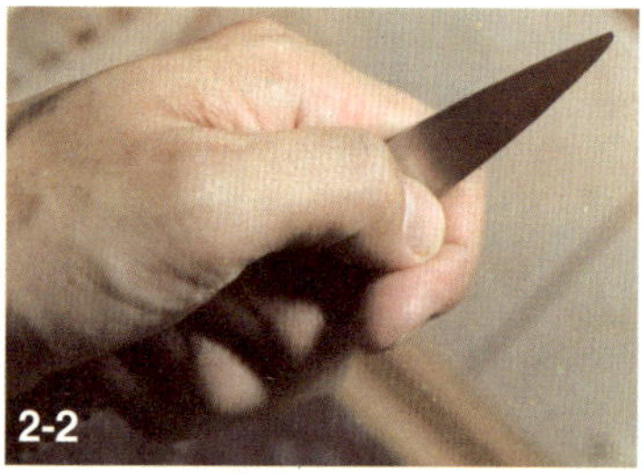

生鱼片！如果想要买第二把刀的话，可以考虑买小刀。日文叫ペティーナイフ，英文叫petty knife，我现在用的牌子叫“Global”，我觉得很好用。因为刀跟把手没有接合的部分，所以比较好清洗，而且很轻，即使长时间拿也不会累。在西式料理中，厨师处理小的东西时常会用到小刀，如将胡萝卜切成长圆形（Football shape）；制作甜点时切草莓、芒果、猕猴桃等；去掉菜蒂（如番茄、洋葱等）时。记得要像图片中这样拿小刀，手才不容易受伤。

搅打（Whisk）

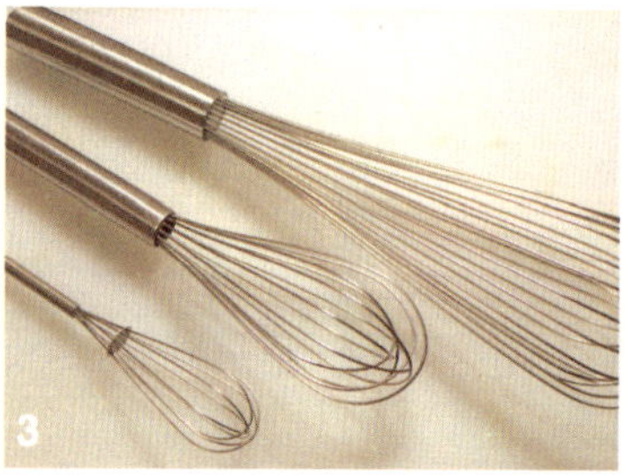

3 打蛋器

我发现很多人都喜欢用比较粗（硬）的搅拌器。如果打算买新的，我建议买软（有弹性）的，既好用，也不会使蛋液溅到外面。不但可以用来打发东西，搅拌酱类时也用的着。

拌和（Stir）

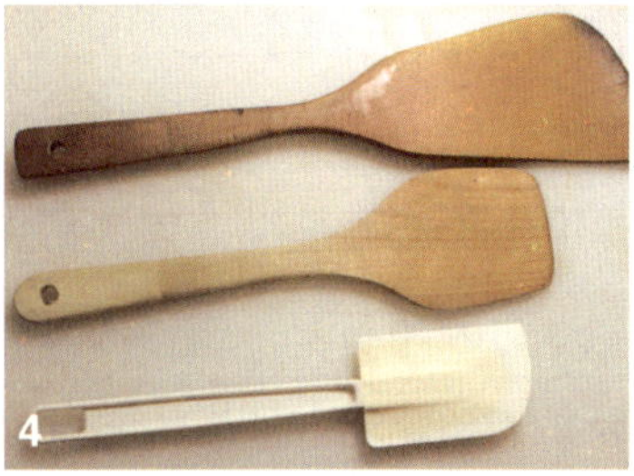

4 木匙、橡皮刮刀

上面的木铲（木匙）是平常炒菜时用的，因为我使用的是不粘锅，所以一定要用不伤锅底涂层的铲子。中间的木铲（木匙）是做酱类（白酱、蛋黄酱等）的时候使用的，有的酱类很容易黏焦，所以汤匙尖端的部分一定要是平的。下面的橡皮刮刀非常好用，功能相当多，如烹调西式炒蛋、将做好的酱倒进另一个碗里、将锅里容易破碎的东西翻面等。

＊如果没有选择特别耐热的材质，尽量不要让橡皮刮刀接触温度太高的东西！橡皮刮刀会熔化！

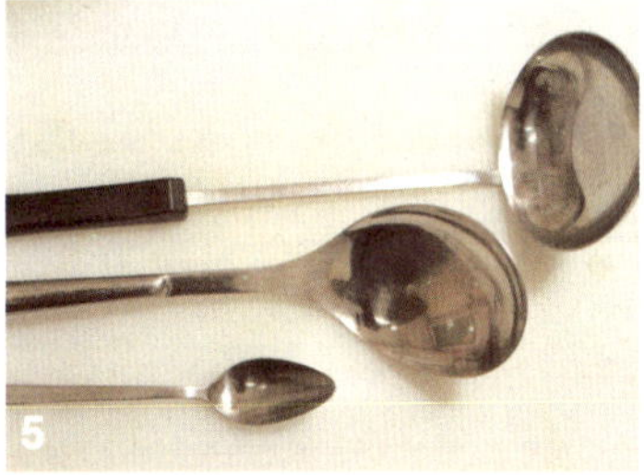

5 汤勺、汤匙、小汤匙

将汤装进碗里或淋酱时都可以用，选购时要选择比较好用的，像小汤匙的最上面带有锯齿，可以用来挖葡萄柚的子，在盘子上画画时也很好用！

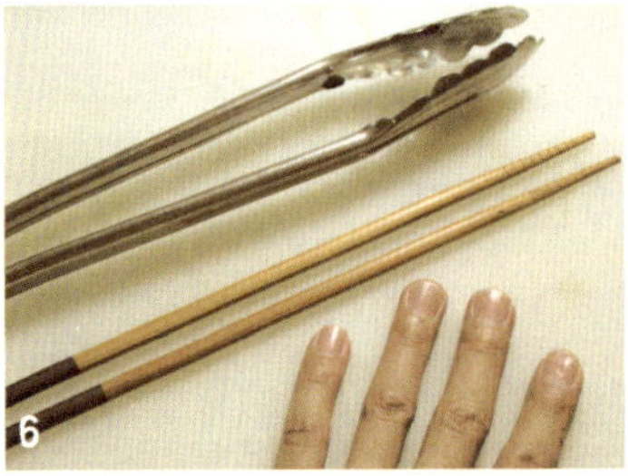

抓取（Hold）

6 夹子、筷子、自己的手

可视具体情况决定用哪一种，其实，我最常用到的道具是手，因为厨师做料理时，急的话才不管东西烫不烫，直接就用手拿了（双手万能）！但如果你是料理新手，千万不要学我的这种习惯 (一_一;) ……如果真的要用手的话，请先确认东西不烫再拿!

翻面（Flip）

7 塑料锅铲

如果家里使用的是不粘锅，最好配合塑料制的锅铲。如果烹调的料理容易破损，我就会用锅铲和手翻面。再次提醒大家，用手时要非常小心。

过筛（Strain）

8 漏勺、网筛

各式的筛子、网子都很重要，不但可

以滤掉水分，还可将菜类制成泥或去掉纤维等，最小的茶滤网适合制作甜点时使用，可以用来过筛各种粉类（糖粉、可可粉、抹茶粉等）。

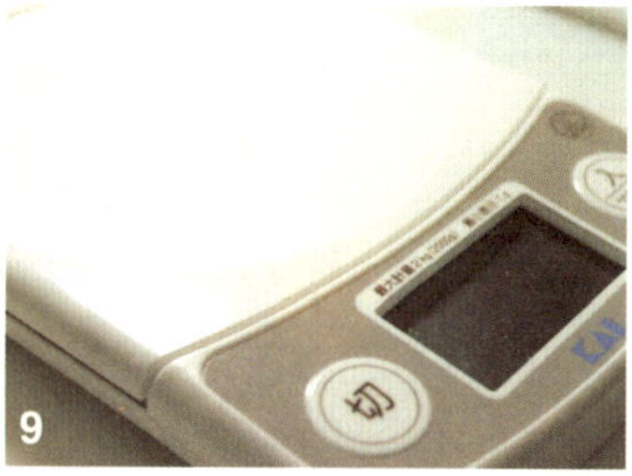
9

称量（Scale）

9 秤

最近我开始使用电子秤，它非常好用，又很“聪明”，随时可以设定为零。而且将碗、盘子一起称量都可以！对于数学很差的我来说，电子秤是我的救世主，为我省了非常多的时间。我建议买可以称量最轻为1克、最重2000克左右的秤。

10

保存（Store）

10 不锈钢盘、铝盘

可用来放置各种食材。用普通的盘子也可以，但用铝制的盘子冷冻东西会比较快。

其他（Others）

11

11 量匙、剪刀、削皮刀、刷子

这些工具不管是用来烹调还是烘焙，都是厨房必备的用品，选购时，不需买太花哨的，以容易清洗为重点。

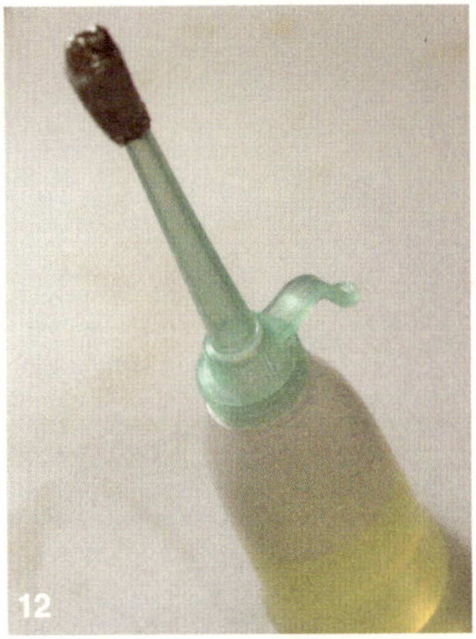
12

12 塑料瓶

以前我常用宽口的瓶子装色拉油，后来改用这种塑料瓶。它非常好用，不会用油过量！一次挤出来的量很少，很好控制，做低油量料理时很好用！

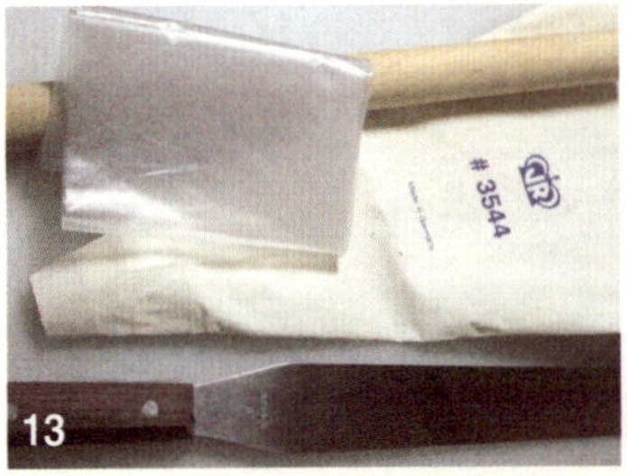

13

13 面杖、挤花袋、塑料袋、抹刀

制作甜点时最常使用的道具。擀面杖用来摊平或延展面团；挤花袋可填入馅料，挤出需要的形状。挤花袋可以用塑料袋代替，也非常容易上手，非常好用！抹刀用来涂抹馅料、果酱，或用来做蛋糕装饰或移动蛋糕体。

＊地球的资源是有限的，要好好保护！为了我们最爱的地球，塑料袋请尽量回收再利用！ ︶O︶)b

Part 1

主食

Main Dishes

mon & Asparagus Macaroni gratin / Chicken meat balls Miso soup Udon / Cabbage sprout & BBQ eel pasta
land roll BBQ eel with Cha-soba / Black cod & Shimeji Mushrooms cream spaghetti / Absolute Squash
aghetti / Egg sheet rolled Yaki-soba / Squash & prawns penne gratin / Seafood cream sauce Omelet with
evMASA'S Rice burgervSuper easy Mini-omelet rice / Sunrise Curry rice gratin / Akita-style soy sauced
Q rice stick / Grilled Miso flavored rice ball soup / Long-xu cai soy sauce fried rice / Spanish omelet
gh protein & low cal. Tuna rice bowl / Dried fish & nuts rice pizza / Home made Japanese style paella

Salmon & Asparagus Macaroni gratin

鲑鱼芦笋焗烤螺丝面

4人份

材料

螺丝面 fusilli（不一样也可以）——100g
鲑鱼 salmon——2片
盐 salt——少许
胡椒粉 pepper——少许
酱油 soy sauce——2小匙
清酒 sake——2小匙（米酒也可以）
芦笋 asparagus——8根
奶油 butter——100mL
比萨起司 pizza cheese——适量
面包粉 bread crumbs——少许

[白酱]
奶油 butter——30g
面粉（低筋）flour——35g
冷牛奶 milk——400mL

鲑鱼是一种很好的食材，可以煎、烤、蒸、炸，如果很新鲜的话，还可以生吃。我做过日式炒饭和杂炊，这次改做西式料理，享受鲑鱼的美味。

做法

1 做白酱。先将奶油加热至熔化，再放入面粉。

2 用木铲（或木匙）炒匀。
＊一开始面糊会比较干、硬，继续炒。

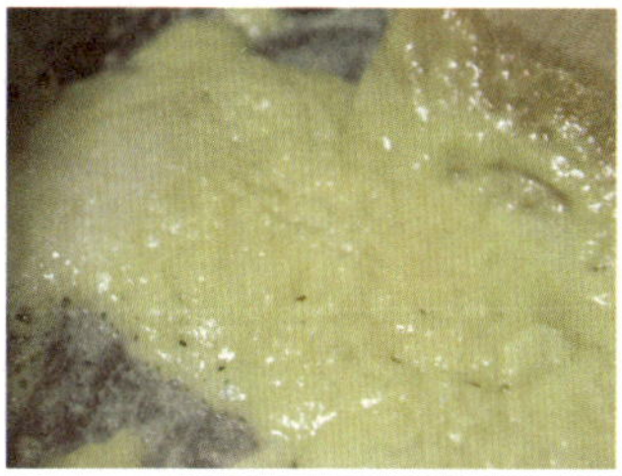

3 炒到面糊出现泡泡且变得水水的。

＊若面糊炒的时间不够，吃起来面粉的味道会很重。

4 加入冷牛奶。

＊一定要加入冷牛奶。加入热牛奶的话，会使面糊很快凝固结粒，使得牛奶与面糊不容易拌匀。

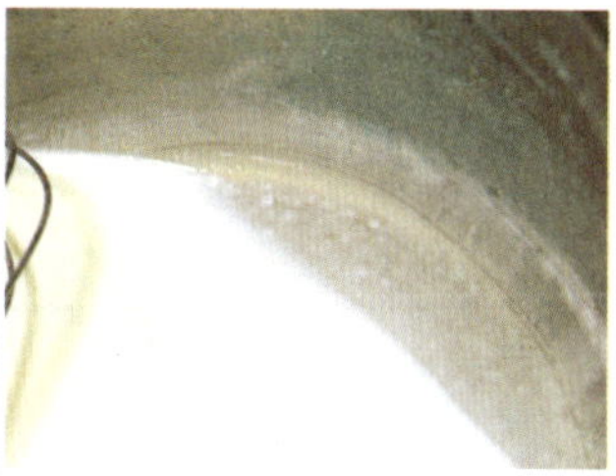

5 用打蛋器（或搅拌器）搅拌。将锅倾斜检查一下，确认没有面糊黏在锅底。

6 面糊表面出现小泡泡，且变浓稠时熄火。

7 准备一锅水，开始煮面。

＊请依你所购买的面的包装说明设定煮面时间。

8 在鲑鱼上撒一点盐和胡椒粉，放在纸巾上吸去水分与腥味。我买的是已经切好的鲑鱼片。

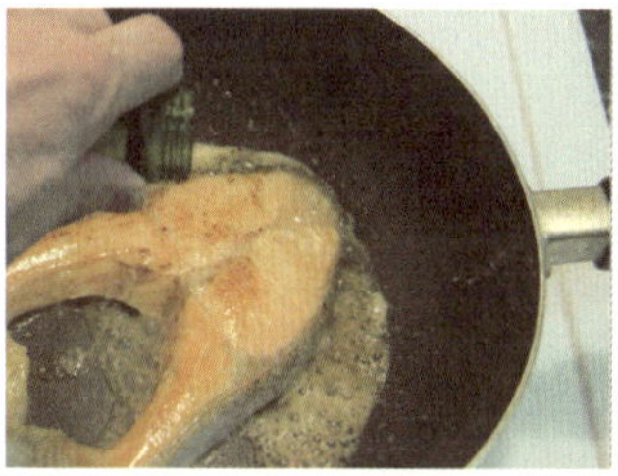

9 准备好平底锅，加入一点奶油，放入鲑鱼，将两面煎熟后，放入酱油，再加清酒。

＊如果用盐鲑鱼，就不需加入酱油。为什么不把鲑鱼直接放入白酱里煮呢？因为它有腥味，先煎好会比较香，还会有“入味”的效果。

10 将锅盖好，用小火焖一会儿。

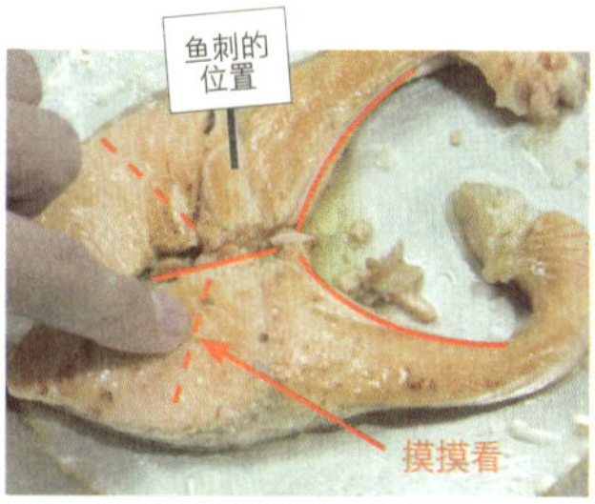

11 鲑鱼煎好后，用筷子或叉子去掉鱼刺。鱼肚和鱼背部分也有小刺，要仔细去除。

＊我建议拿鱼刺的时候不要将鲑鱼整个弄碎。研究一下鱼刺在哪个地方，知道了地方，去除鱼刺的速度会比较快。

12 鲑鱼的鱼刺全部剔除后，将鲑鱼肉撕成小块。

＊鲑鱼肉不要弄碎，使其呈一块一块的，这样口感比较好。

13 将芦笋焯一下，再放入平底锅中，用奶油略炒，加一点酱油调味。

＊也可以直接炒新鲜的芦笋，但稍微焯一下再炒，可以保持芦笋的鲜绿色。

14 将步骤7煮好的螺丝面放入步骤6的白酱中，再加入步骤12的鲑鱼肉与步骤13的芦笋拌一拌。

＊不要过度搅拌，否则鲑鱼肉会散掉而变得越来越小！

15 准备一个烤盘，在烤盘上面涂一点奶油，以防粘黏与焦糊。放入步骤14的材料。

16 撒入比萨起司和面包粉。送入烤箱，以200℃烤至表面呈金黄色即可（5～6分钟）。

小贴士

做太多了？没关系。准备一个盘子，铺好保鲜膜，再放入步骤14的材料和比萨起司包起来，放在冰箱冷冻室中。等要吃的时候，拿掉旧的保鲜膜，将材料放在碗里，再用新的保鲜膜盖起来，放进微波炉里加热5～6分钟。再重复步骤16即可。

Chicken meat balls Miso soup Udon

鸡肉丸子味噌乌龙面

4人份

材料

味噌——80～90g
miso

乌龙面（冷冻）——2片(1人半片)
frozen udon

茼蒿——4把
shungiku

香菇——4朵
shitake mushroom

金针菇——1把
enoki mushroom

[鸡肉丸子]

鸡肉泥——400g
ground chicken

葱（切碎）——2大匙
green onion

香菇（切碎）——2朵
shitake mushroom

姜末——1小匙
grated ginger

酱油——1大匙
soy sauce

淀粉——2小匙
potato starch

鲣鱼粉——1/2小匙（不加也可以）
bonito powder

鸡蛋——1个
egg

日文“师走（Shiwasu）”，是指阴历12月，就是一年中最忙的一个月，老师也要跑来跑去非常忙碌的意思。已经快要过年了，时间过得很快！（一_一;）不管怎样，我们还是需要吃东西。这次我想介绍鸡肉丸子，它一般是用串烧的方式来烹饪，但在家里也可以享受。只要放在火锅里，让鸡肉的香味出来，加上味噌……冬天不可或缺的必备料理——火锅乌龙面开吃喽！

1 将做鸡肉丸子的所有材料混合拌匀。

2 水沸后，用两支汤匙将步骤1的馅料拱成圆形，放入锅中。

＊不需用高汤煮吗？不需要，因为等鸡肉丸子的汤汁出来，味道就已经够浓郁了。

3 加入味噌，确认其完全溶化。

＊先加味噌，再加入乌龙面，可以让面吸收味噌的味道。用滤网溶化味噌，这样会非常快！当然，滤网底部的豆碴也要放进去。

4 加入乌龙面。

＊我建议用冷冻的面，比较有弹性。

5 面煮好后，放入金针菇、香菇、茼蒿，等到汤煮沸后就可以享受热腾腾的火锅乌龙面了。

Cabbage sprout & BBQ eel pasta

卷心菜香烤鳗鱼意大利面

1人份

材料

- 卷心菜 brussel sprouts——1/2～1个
- 意大利面 pasta——100g
- 橄榄油 olive oil——适量
- 蒜片 sliced garlic——约8片
- 辣椒 chili pepper——1/2个
- 罐头鳗鱼 canned eel——1/2罐
- 清酒（或白酒）sake（or white wine）——1大匙
- 酱油 soy sauce——1小匙
- 鲣鱼粉（或盐）——少许 bonito powder（or salt）
- 海苔丝 shredded nori——适量
- 盐 salt——适量

春天时，我们在日本常常享受“春卷心菜”，4～6月就是卷心菜最好吃的季节。卷心菜当然一整年都可以吃，但是春天的卷心菜特别软，很多人喜欢那种口感。卷心菜有非常丰富的膳食纤维、维生素C、维生素U。大家都知道膳食纤维、维生素C对身体好，那么维生素U呢？它又叫“抗溃疡维生素”，对消化器官（胃、肠等）的黏膜有修复作用。卷心菜的膳食纤维可吸收脂肪，所以我们日本人在吃炸猪排的时候，旁边一定会放卷心菜丝。还好台湾一整年都有这种春卷心菜（叶子很软的），那么就请大家多吃一点卷心菜喽！

这次我使用卷心菜芽，它是个头很小的蔬菜，根的部分也可以食用。先烤一下激出它的甜味，跟鳗鱼一起做成意大利面。但是，鳗鱼有点难找，也不便宜，所以就改用台湾罐头鳗鱼吧！罐头鳗鱼的红烧味很香，与卷心菜的爽口味也很配，于是变成这道特别高级的卷心菜香烤鳗鱼意大利面！

做法

1 将卷心菜切成容易吃的大小（块或片）。

＊用红甜椒、黄甜椒代替，味道也不错！

2 因为卷心菜需要烤一下，为防止卷心菜的水分蒸发，可加一点橄榄油。

3 准备一个烤炉，将卷心菜放在网上烤到两旁稍软且稍上色。

＊也可用烤箱高温烤。

4 备一锅水，开始煮面。

5 备一个炒锅（或平底锅），先加入橄榄油、蒜片、辣椒后再开火，炒出香味。

＊冷橄榄油里加蒜，再开始加热，这样蒜不易烧焦。等温度慢慢升高后，蒜的香味也就出来了。

6 我买的是鳗鱼罐头。它有很多牌子，我看不太懂（—_—;）。我选的罐头上面的画很有感觉。（*￣▽￣*）应该是原味的吧！

＊可用其他的罐头鱼代替，熏过的海鲜也很好吃。但有的罐头鱼腥味很重，要注意！

7 蒜、辣椒的香味出来后，加入罐头鳗鱼炒一下。

＊鳗鱼已经熟了，不需要炒很久。

8 加入步骤4煮好的面，淋一点清酒，再加入酱油、鲣鱼粉或盐调味。

9 最后加入步骤3的卷心菜拌一拌，装盘，最后撒上海苔丝。

Hand roll BBQ eel with Cha-soba

茶凉面山药鳗鱼创意手卷

1人份

材料

茶荞麦面 soba——80g
鳗鱼 eel（processed）——1/2包
山药 chinese yam——80～100g
日式柴鱼酱油 soba tsuyu——1大匙
芥末酱 wasabi——少许
海苔片 seaweed——1片
葱花 green onion——少许
芝麻 sesame——少许

最近天气很好，温度越来越高，想吃清凉的东西吗？只吃凉面的话，营养不够全面，那么，这次来做营养比较全的荞麦料理吧！山药可预防胃溃疡或胃炎，还有滋养、强壮身体的作用。鳗鱼含有很丰富的营养，如维生素A、B族维生素、维生素E与DHA（二十二碳五烯酸）、EPA（二十二碳六烯酸）。常吃鳗鱼不但可缓解疲劳，还有美容功效！

平常我们都做鳗鱼盖饭，但其实搭配凉面一起吃也很好！大家试试看，我们都可以很精神哦！

做法

1 这次我用茶荞麦面来入菜，当然用其他种类的荞麦面也可以，只要是你喜欢的荞麦面都可以！

2 备一锅水，煮沸后，把面放进去煮。煮的时间请参考包装上的建议时间。

＊煮面时，最好不要再加入冷水。因为家庭用的煤气灶火力不强，稍加一点冷水也会使温度下降很多，需要一段时间才能恢复温度。但要控制火的大小，以预防水溢出来。

3 面煮好后捞起，放在流水下冲洗掉表面的面糊。

4 将鳗鱼连同包装袋放入热水中加热。

5 山药是一种让人烦恼的食物，很黏，不好切；砧板也会变得黏黏的，不好清洗。但别担心！将山药削皮后，放进塑料袋里，把空气压出来后，将塑料袋绑紧。

6 用擀面杖或空瓶子将山药敲打成小块。

*小心！不要用力太大，否则袋子会破裂。不要打成泥，否则就会失去脆脆的口感。打成小块就可以了。

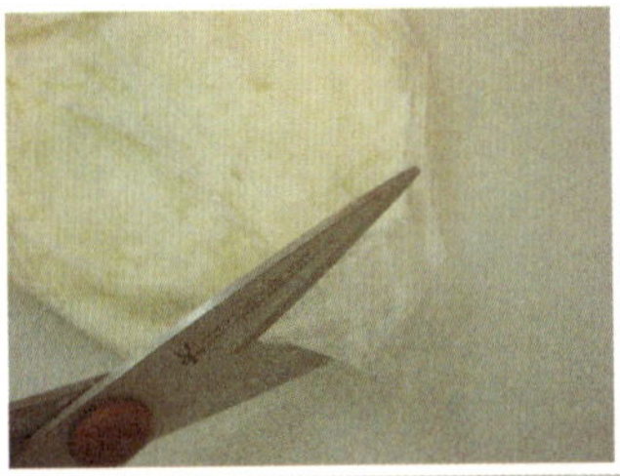

7 打好后，将塑料袋的边角剪掉。

8 把海苔片剪成4片，备用。

9 在日式柴鱼酱油（我用的是浓缩2倍的）中加一点芥末酱调匀。

10 将煮好的面放在海苔片上，挤上山药，淋上步骤9的酱汁。

11 将加热好的鳗鱼切片后放在山药上，撒上葱花和芝麻即可食用。

Black cod & Shimeji Mushrooms cream spaghetti

鳕鱼奶油酱意大利面

1人份

材料

四季豆 green beans——5根
洋葱 onion——1/8个
蟹味菇——50～60g
shimeji mushrooms（or oyster mushrooms）
鳕鱼（或鲑鱼、鲷鱼、大比目鱼）——1～2片
Black cod （or salmon，snapper，halibut）
意大利面 pasta——120g
盐 salt——小许
胡椒粉 pepper——少许
奶油 butter——1/2大匙
白酒 white wine——1大匙
鲜奶油 whipping cream——3大匙

很久没有吃意大利面了，看看冰箱里有什么食材可以拿来做意大利面。外面太热，我最近有一些事要忙，所以经常外出。但我决定今天不特地出去买材料了。冰箱的冷冻室里有一片鳕鱼，冷藏室有蟹味菇！

决定了！做鳕鱼奶油酱意大利面吧！煎好的鳕鱼非常香，直接吃就很美味，跟奶油、蟹味菇、意大利面混在一起……菇的风味溶在酱料里面，再配上鳕鱼一起吃，味道好极了！

做法

1 处理冰箱里存放的食物：四季豆是以前烫过之后冷冻起来的，洋葱切片，蟹味菇撕成合适大小。

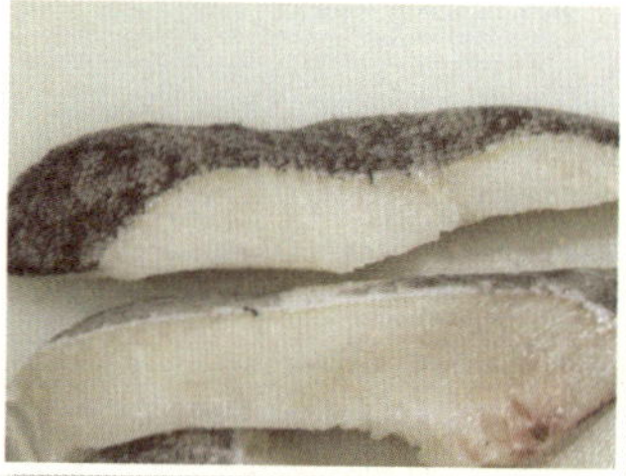

2 鳕鱼解冻后，撒上盐放置约半小时，让它脱水，用纸巾擦拭后，再撒上盐和胡椒粉。

＊为什么要脱水？因为鳕鱼冷冻保存后腥味有一点重，用盐的“脱水作用”可去除鱼的腥味。为其他鱼类去腥也可以采用同样的方法！

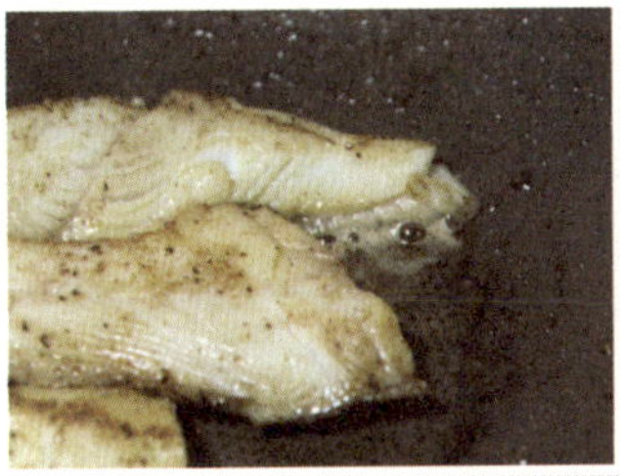

3 备一平底锅，放入奶油，将一整片鳕鱼煎到表面呈金黄色。

＊鱼类可以用鲑鱼、鲷鱼代替。看你的冰箱里有什么鱼而定!

4 加入一点白酒，用小火继续把鱼煎熟。

＊没有白酒，可以用清酒或米酒代替。

5 将鱼取出，放在旁边。

＊因为鱼和蔬菜要分开煮，也不必另外准备锅。锅不用洗，继续做下一个步骤吧!

6 如果鳕鱼有很多骨头的话，可以用叉子剔掉。

＊如果要给小朋友吃，一定要把鱼刺剔干净。

7 备一锅水，开始煮意大利面。

8 刚刚用过的锅不用洗，直接加一点奶油，奶油熔化后放入洋葱，略炒一下，再放入蟹味菇继续炒出香味。

＊菇类很能吸收水分、油分，如果觉得太干，可以再加一点奶油。

9 加入适量步骤7中煮面的水。

10 加入鲜奶油煮一会儿。

11 放入煮好的面与烫好的四季豆，加入盐和胡椒粉调味，最后放入煎好的鳕鱼。

＊煎好的鱼不要放进去太早，以免拌面的时候鱼肉碎掉！（—_—;）

Absolute Squash spaghetti

非常南瓜意大利面

1人份

材料

意大利面 pasta——120g
南瓜 squash——100g
奶油 butter——1/2大匙
培根 bacon——1片
牛奶 milk——200ml
盐 salt——少许
黑胡椒粉 black pepper——少许

南瓜、地瓜，我每天吃都不会腻。既好吃，又健康，还便宜。做成咸的、甜的都好吃！我本来想做烤干奶酪培根意大利面，后来看到南瓜先生坐在冰箱里瞪我，（￣个￣）好吧……那么，就用南瓜先生来做道意大利面吧！

做法

1 南瓜削皮，切成薄片。

2 备一平底锅，放入奶油，加入南瓜片，炒出香味。

3 加入牛奶，用小火继续煮。

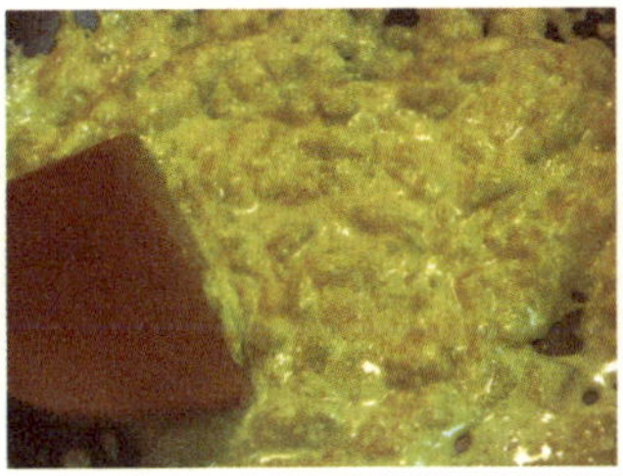

4 南瓜片很快就会变软，用汤匙一边搅拌，一边打成泥。

*南瓜的味道非常浓，如果你不想味道那么浓的话，可以少放一点。如果你想保留南瓜的口感，请略过以下步骤。

5 用果汁机再打一遍，使南瓜泥变得更细。

*注意！如果要用果汁机，需先将南瓜泥冷却（40℃以下）。盖好盖子再开始搅打；若不降温，很容易溢出来！就像图片上的样子，加面之后南瓜泥会变得很浓，可以再多加点水。

6 准备一锅水，开始煮意大利面。

7 等面煮的差不多之后，放入培根煮一下。

*为什么培根不需要先炒呢？这次要享受南瓜的颜色跟风味，若炒培根的话，颜色会变，口味也会太过浓郁。

8 将煮好的培根与意大利面放入步骤5的锅里。可加一点刚煮过面的水稀释一下，再加入盐调味。

*建议用木铲（或木匙）拌匀，直接用夹子的话，非常容易切断面条。

*这道面的口感非常浓郁，吃的时候，我个人喜欢再多撒上一点磨好的黑胡椒粉！

Egg sheet rolled Yaki-soba

蛋包炒面

2人份

材料

梅花肉 sliced pork——80g
洋葱（切丝）onion——1/4个
卷心菜（切丝）cabbage——2片
胡萝卜（切丝）carrot——20g
油面 shang-hai noodles——1包
清酒 sake——4大匙
酱油 soy sauce——2小匙
猪排酱 tonkatsu sauce——适量
鲣鱼粉 bonito powder——1/4小匙
鸡蛋 egg——2个
蛋黄酱 mayonnaise——适量
海苔粉 ao-nori——少许

Yaki-soba炒面，就是一种"周末家庭料理"。意思是礼拜天，把电热铁板器拿出来，放在桌上做铁板料理，大家一起吃。我想到另一道菜叫Tonpei-yaki，不是Taipei（台北），是Tonpei（豚平）。Ton是猪肉的意思，所以这次就做Yaki-soba和Tonpei-yaki相融合的料理——蛋包炒面！

做法

1 不一定要用和图片里一样的材料，看您的冰箱里有什么就用什么！

2 备一个锅，用大火炒梅花肉。
*用大火炒去猪肉的腥味。

3 加入其他材料（洋葱、卷心菜与胡萝卜），继续用大火炒匀。

4 油面在未开封前，连同包装稍微搓揉一下，等油面松开后，再放进锅里。

5 加入清酒，也可以加些水。

6 盖上锅盖，焖一会儿。

7 加入酱油、猪排酱（2～3大匙）与鲣鱼粉（不加也可以），稍微拌炒后，盛盘。

＊加入酱料的时候，从锅旁边加入，让它焦一点，这样味道才香。

8 起油锅，加入鸡蛋液做成蛋皮。

＊不用翻面！

＊如果你怕它会破开，可以加入一点水淀粉。

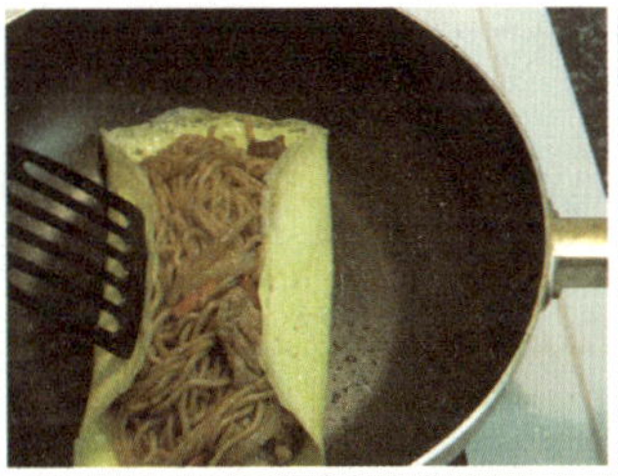

9 蛋皮煎好后（不用翻面）熄火。加入步骤7的炒面，并用锅铲将旁边折起来。

＊面别放太多，否则不好折。

10 最紧张的时刻！怎么翻过来呢？啊！不要担心！像图片一样，放上盘子盖起来。

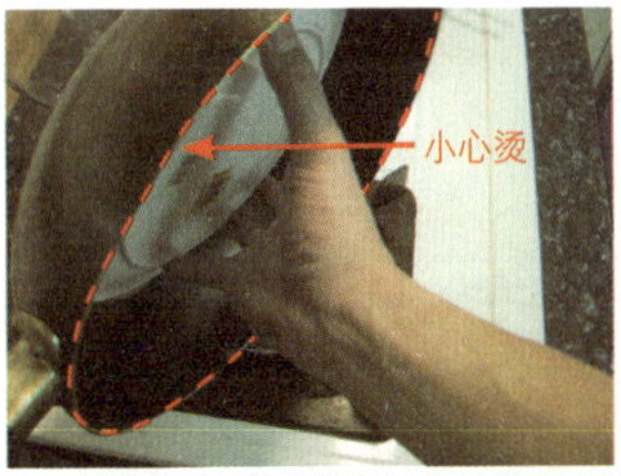

11 接着，左手拿锅，右手拿盘子，翻过来。

＊小心！锅很烫！盘子也越来越烫！

＊因为面还是热的，盘子会越来越烫，所以盖好后尽量马上翻过来。

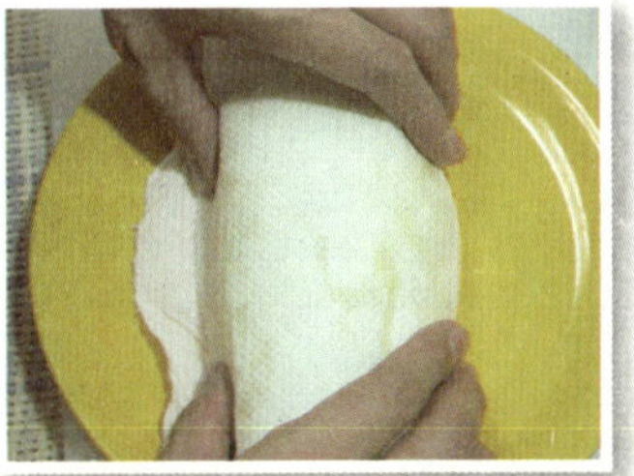

12 成功了！什么？它扁扁的？没关系！用纸巾盖起来整一下型就好了！再淋上猪排酱，挤上蛋黄酱，撒上海苔粉就大功告成了。

Squash & prawns penne gratin

南瓜虾仁焗烤笔尖面

2人份

材料

南瓜 squash——1/4个
奶油 butter——1/2大匙
鲜虾仁 prawns——12只
笔尖面 penne pasta——150~200g
白酱 white sauce——250mL
* 做法参考P.18鲑鱼芦笋焗烤螺丝面。

盐 salt——少许（不加也可以）
比萨起司 pizza cheese——50～60g
面包粉 bread crumbs——3大匙
欧芹 parsley——少许（装饰用，不加也可以）

做法

1 用汤匙刮掉南瓜子。

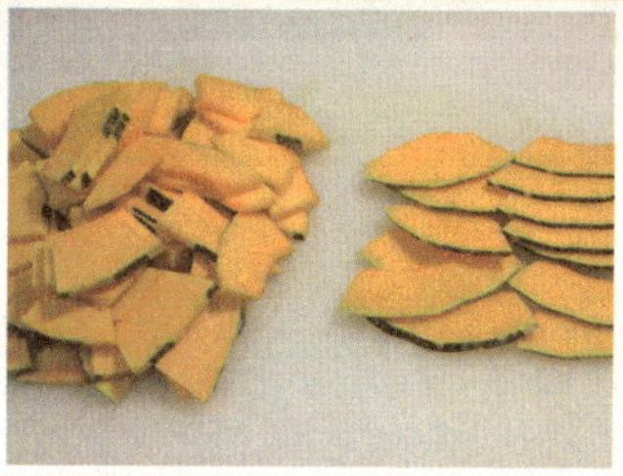

2 将南瓜切成两种形状：一种是小块的，另一种是宽的薄片（装饰用）。

3 备一个汤锅，放入奶油，待其熔化后，放入鲜虾仁炒到表面变色。

4 加入小块的南瓜炒一会儿。加入水（水量需没过全部的材料）。

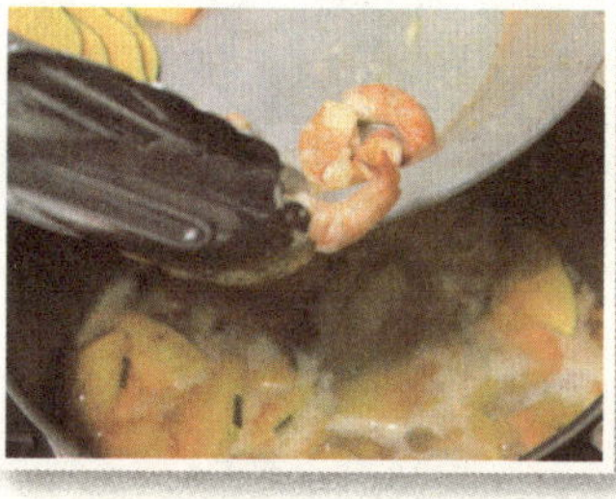

5 等水开后，取出虾，放在一旁备用。
*注意！虾别煮太久，否则会变硬。

6 另备一锅水，开始煮笔尖面。
*煮的时间请看包装说明。

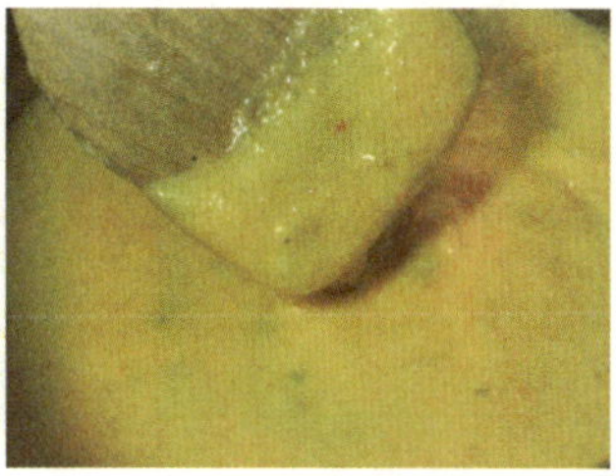

7 从冰箱冷冻室取出之前多做的白酱。

8 将冷冻的白酱直接放入步骤5的汤锅中。

9 均匀小火煮到材料充分混合。

10 加入步骤6煮好的笔尖面。

11 尝一下味道与口感。如果觉得不够咸，加入一点盐；如果觉得汤汁太浓，可加入步骤6煮过面的水。

＊不要太咸，一会儿还要加比萨起司，它含有盐分。

12 在烤盘里涂一点奶油，以防黏焦。将步骤11的材料放在烤盘上，上面摆上切好的南瓜薄片以及煮过的虾。再撒上比萨起司。

＊如果烤箱火温不够大，上面的南瓜片可能烤不熟，可事先微波加热或炒一下。

13 将烤盘放进烤箱中，用180℃烤到表面的起司变色。

＊也可以烤好拿出来，撒上面包粉和欧芹（切末）后再烤一下，这样面包粉会吸收多余的起司油分，使表面变得酥酥脆脆！

南瓜食谱又来了！我做过很多南瓜料理，但是还不够！因为南瓜可以做出很多种料理，也可以做甜点！这次来做焗烤。本来想做普通的虾白酱焗烤通心面，但打开冰箱，看见还有一点南瓜，它的风味一定很好，而且颜色非常漂亮！南瓜的黄色，虾的红色，加上有一点焦的起司，嗯，不只味道组合好，还有很好的视觉效果！

Seafood cream Sauce Omelet with rice

创意海鲜白酒奶酱蛋包饭

1人份

材料

培根（切小片）chopped bacon——1/2片
洋葱（切末）chopped onion——2大匙
奶油 butter——1小匙
米饭 steamed rice——150g
番茄酱 ketchup——1大匙
鸡蛋 egg——2个
红葱（切末）chopped shallot——1小匙
虾 prawns——2～3只
干贝 scallops——2～3个
鱼肉 fish meat——2～3片
白酒 white wine——2大匙
鲜奶油 whipping cream——3大匙
盐 salt——少许
胡椒粉 pepper——少许

很久没有吃蛋包饭了，但是我已经做过几种蛋包饭。还可以做出什么不一样的口味呢？不必担心，我的创意是无穷无尽的！那么……这次来做“海鲜版”蛋包饭吧！刚好冰箱冷冻室里有一点点海鲜，用白酒蒸海鲜非常香！用番茄酱炒饭，红色的番茄酱，滑滑的黄色鸡蛋，加上香浓的鲜奶油和浓郁的综合海鲜酱，颜色非常漂亮！

做法

1 备一个锅，放入培根，炒到油分出来后加入洋葱，将洋葱炒至变成透明状。

2 加入一点奶油，熔化后放入米饭继续炒。加入盐、胡椒粉调味

3 加入番茄酱，继续炒。将番茄酱拌匀后，熄火。

＊不一定要用番茄酱炒饭，蒜香奶油炒饭也很好吃！

4 用木匙将炒好的饭盛在盘子中。

5 做简单蛋包皮。平底锅中加入一点奶油，熔化后加入鸡蛋液，用刮刀或木匙将鸡蛋液由周围刮向中间。

＊因为一般的煤气灶都是周围的火比较大，所以周边的鸡蛋液容易熟。

6 蛋包皮半熟时，将其滑到炒饭上，先用保鲜膜或铝箔纸盖起来保温。

＊动作要快一点，锅冷却后就不好滑了。

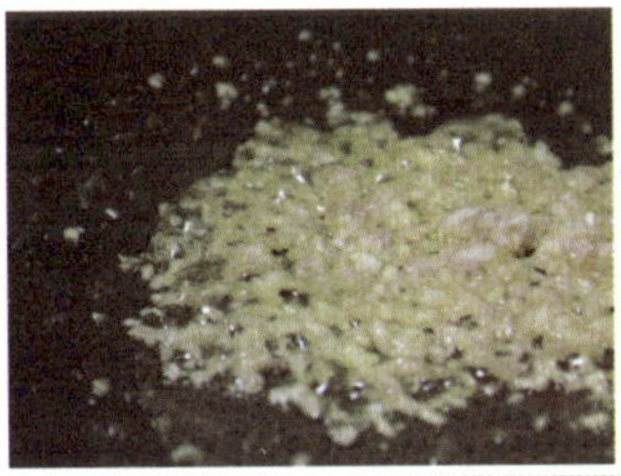

7 用水稍微冲一下锅，再加入奶油，熔化以后加入红葱末，炒至香味出来。

8 放入海鲜类食材（虾、干贝、鱼肉），用大火稍微炒一下。

＊用大火锁住海鲜汁。

9 待海鲜表面都变色后，加入白酒，把酒精蒸发掉。

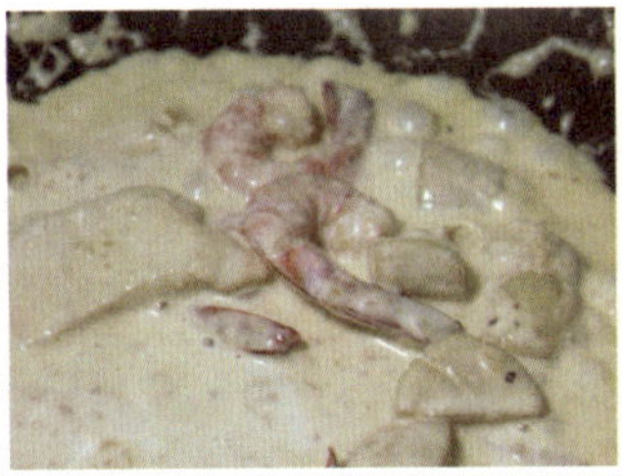

10 转中火，加入鲜奶油拌匀，继续煮到稍微变浓稠后，淋在步骤6的炒饭上面。

＊注意！海鲜很快就熟了，别煮太久，否则会变硬！

MASA的米汉堡

1人份

材料

米饭 steamed rice ——140～160g
奶油 butter ——少许
薄肉片（猪肉、牛肉都可以）——60g
sliced meat
生菜 lettuce ——1片

[腌肉酱]
酱油 soy sauce ——1小匙
味霖 mirin ——1小匙
清酒 sake ——1小匙
蒜泥 garlic paste ——1/4小匙
姜末 ginger ——1/4小匙

做法

1 将牛奶盒洗净后，剪下宽1cm左右的长条。

2 拉紧，固定成圆形，即为纸模。

3 涂上一点色拉油，预防粘黏。

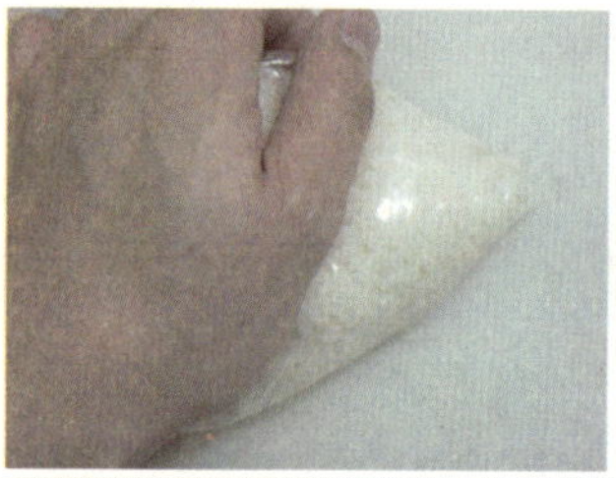

4 米饭放在塑料袋里，用手揉一揉，捏成圆形。

＊为什么要揉？因为有的米饭有一点干，不好成型。先把它变成麻薯般黏黏的样子才好处理。

5 在桌上铺一张保鲜膜，放上纸模，米饭放在纸模中间。

＊我做一个米片，用了70～80g米饭。供大家参考。

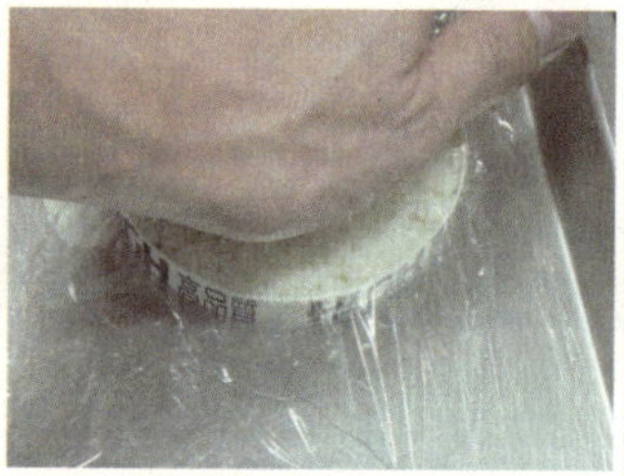

6 最上面再铺一张保鲜膜，用手按压，把纸模里面的饭压平。

＊压米饭的时候，力度要适中，不要让侧面裂开。

7 轻轻拿掉纸模。

8 可多做一些米片，一片一片包起来放在冰箱冷冻室，下次可以直接拿来用！

9 将薄肉片用腌肉酱腌一下。

＊将“腌肉酱”中的材料放在一起混合均匀即为腌肉酱。腌肉酱很咸，薄肉片不需要腌太久。

10 准备一个锅，将薄肉片用大火炒一下后保温。

11 另起一锅，放入一点奶油，将米片两面煎好后，再在上面涂一点酱油。

＊注意！先将米片两面煎好定型后，再涂酱油。过早涂酱油的话，米片会松开。

12 准备一张锡箔纸，把它折成像图片中的样子，作为袋子。

13 将生菜、薄肉片、米片，装在袋子中即可。

＊在薄肉片上面淋上一点蛋黄酱也很好吃！

＊米片里面放什么都可以。如书中介绍的炒味噌猪肉、汉堡肉、照烧鸡肉都很适合。

小朋友都喜欢吃汉堡。以前我也很爱吃，虽然现在我已经老了，（一_一;）但我还是喜欢吃米汉堡。它没有用面包做的那种的油腻感觉。而且，米饭、炒肉一定非常搭配的嘛！

Super easy Mini-omelet rice

超简单、健康的迷你蛋包饭

1 人份

材料

鸡肉（切小块）chicken——1片
洋葱（切碎）chopped onion——2大匙
胡萝卜（切碎）chopped carrot——1大匙
米饭 steamed rice——120g
番茄酱 ketchup——1大匙
色拉油 salad oil——适量
盐 salt——少许
胡椒粉 pepper——少许
鸡蛋 Egg——3个
水淀粉（淀粉:水=1:1）potato starch——1大匙

我的朋友对我说："唉！你第一次介绍的蛋包饭做法一点都不简单！" 后来我回忆，高中的时候，我在餐厅打工，也失败过好几次……没错！有的做法不是很容易的。

有时候，我自己觉得，这个很简单，但后来才发现其实并没有那么简单。\(_;)

来！这次我保证是做法非常简单的蛋包饭！大家试试看吧！ (*￣▽￣*)

做法

1 锅内放色拉油，放入鸡肉，用大火翻炒。

2 加入洋葱与胡萝卜，继续炒到洋葱变成透明状。

3 加入米饭拌一下，再加入番茄酱与盐、胡椒粉调味。

4 鸡蛋打入碗中，搅拌好后，加入水淀粉混匀。

＊为什么要加水淀粉？因为会变得有弹性，而且蛋皮不容易破。

5 备一个平底锅，涂一点色拉油后，开中火，加入鸡蛋液。

＊蛋皮不要太厚，2毫米左右就可以了！

6 将锅摇晃一下，让鸡蛋液均匀地散开。

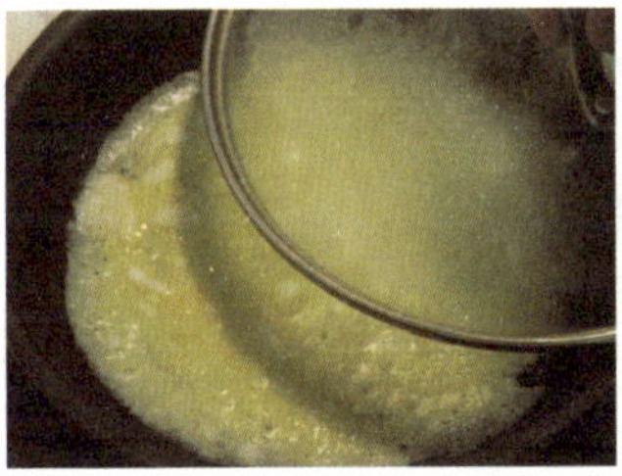

7 继续加热10秒左右，熄火，马上盖上盖子等一两分钟。

＊鸡蛋液表面有一点湿润还没熟的样子就可以了。盖上盖子后，用余温将其煎熟。这个做法不用翻面再煎！

8 打开盖子，确认表面熟了后，再将蛋皮拿出来。

9 在盘上铺一层保鲜膜，再放上蛋皮。

10 放入步骤3的炒饭。

＊不用放太多，因为会不好卷。

11 连同保鲜膜一起卷起来做成圆形后，拿掉保鲜膜。装盘的时候，包裹起来的面朝下放。

＊要卷紧一点，否则蛋包饭会散开。

Sunrise Curry rice gratin

营养咖喱焗烤饭

2人份

材料

- 秀珍菇（菇类都可以）oyster mushroom——60g
- 奶油 butter——2小匙
- 水 water——200～250mL
- 咖喱块 curry rux（cube）——2块
- 培根 bacon——1片
- 洋葱 onion——1/4个
- 米饭 steamed rice——200g
- 盐 salt——少许
- 白酱 white sauce——200mL
  - ＊做法参见P.18鲑鱼芦笋焗烤螺丝面。
- 比萨起司 pizza cheese——60g
- 面包粉 bread crumbs——少许
- 鸡蛋黄 egg yolk——2个（不加也可以）

很多人喜欢咖喱饭，我也是。台湾有很多卖咖喱饭的餐厅，各有特色，都很好吃。这次我想介绍一款不一样的日式咖喱饭，与白酱、起司一起烤的奶油烤菜式（Gratin-style）咖喱饭！

做法

1 准备一个锅，放入奶油，将秀珍菇炒到变软。

＊菇类很容易吸收油分，多加一点奶油炒起来比较轻松，等一会儿煮的时候会有非常香的味道。

2 加水，以中火煮一会儿，将秀珍菇的味道拉出来。

3 秀珍菇的味道出来后，先关火，等温度降低一点后加入咖喱块，让它慢慢溶化。

＊如果温度很高就加入咖喱块的话，咖喱饭还没完全溶化，就开始黏化，口感不好。

4 开小火继续煮。用木铲（或木匙）搅拌，确认刮到锅底，煮5～6分钟。

＊咖喱块里有面粉，很容易黏焦，要特别注意！

5 另备一锅，放入一点奶油，加入培根、洋葱、米饭稍微拌炒均匀，然后加一点盐调味就可以了。

＊炒饭上面要淋上很多酱，所以炒饭不需太咸，也可略过此步骤直接用米饭。

6 盘子里涂上奶油后，放入步骤5的炒饭或米饭。

＊如果想冷冻保存，不需涂奶油，直接铺保鲜膜即可。

7 在炒饭或米饭上淋上白酱。

＊白酱会综合咖喱的味道，使味道变得比较温和，也会更浓郁。

8 在中间再淋上一些步骤4煮好的咖喱酱。

＊不要淋太多，白酱、比萨起司都有咸味。

9 上面再铺上比萨起司和面包粉。

＊如果要冷冻保存，将旁边多出来的保鲜膜折起来包好，从碗里拿出来。

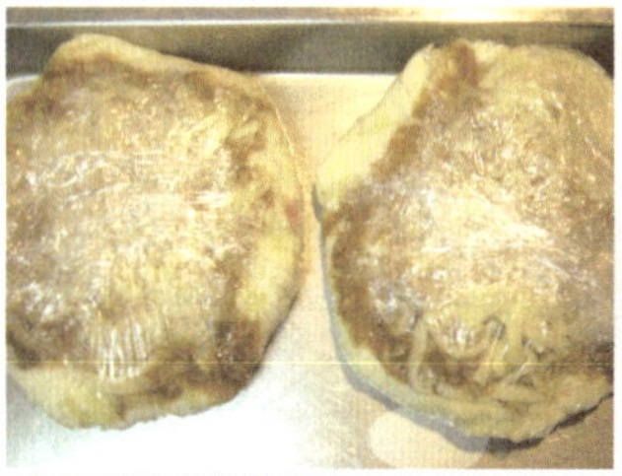

10 如果想让味道更浓些、营养更丰富些，可以各加一个鸡蛋黄。

11 将盘子放进预热好的烤箱，以上火200℃烤到上面的比萨起司呈金黄色（5～6分钟）。

＊要注意看烤箱里的状况，鸡蛋黄开始变色后，很快就会变黑！Watch closely（密切注意）！

小贴士

可以多做一点，把它们冷冻起来，没时间做饭的时候就可以直接拿来吃！想要吃的时候，拿掉保鲜膜（如果不好拿，先微波加热10秒左右再拿掉）。把还有点硬的焗饭放到盘里，用保鲜膜盖起来加热（微炉加热5～6分钟）。确认解冻后，拿掉保鲜膜，再放入烤箱里烤到呈金黄色即可。

Akita-style soy sauced BBQ rice stick

秋田风酱烧饭团

1人份（2支）

材料

米饭（粳米）short grain rice ——150g
鲣鱼粉 bonito powder ——1/2小匙（不加也可以）
酱油 soy sauce ——少许
味噌 miso ——少许

秋田县位于日本东北地区，那边的特产是大米，很有弹性，很甜。秋田县有一种乡土料理叫“切蒲英”（Kiritanpo），是把米饭粘在木棒上烤。因为秋田县的米很好吃，含有丰富的水分，很适合做这种料理。但一定要买秋田县的米吗？当然不需要！你可以用家里煮的米饭。不需要加什么特别的料，就是要享受食材本身的味道。这次来介绍一种比较简单且不会黏手的做法。来，一起做日本的乡土料理吧！
\（^o^）/

做法

1 米饭里加入鲣鱼粉、酱油，稍微搅拌。

*长形米含的水分比较少，可能有一点难做，粳米比较适合。不加鲣鱼粉也可以。

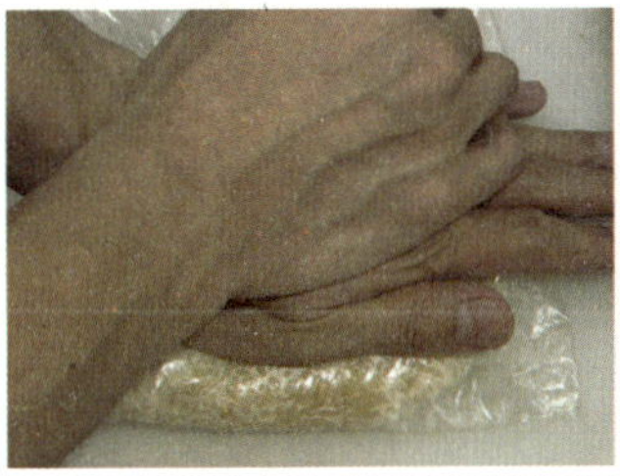

2 把饭放在塑料袋中，压一压，揉一揉。

＊把它弄成有一点像麻薯的样子，黏在一起就可以了，但也不要太黏！

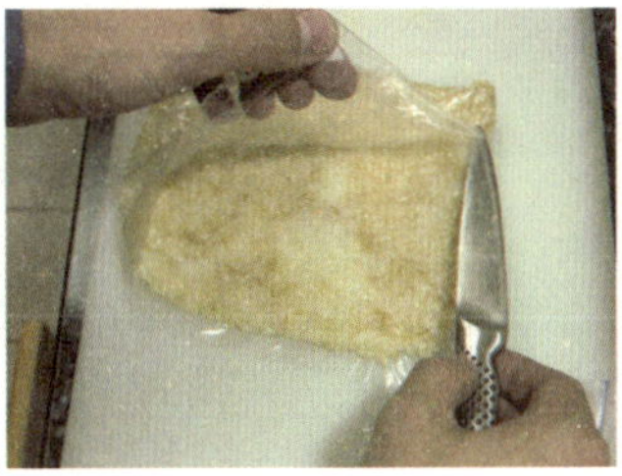

3 切开塑料袋，把上面的部分拉开。

＊塑料袋不要拿掉。

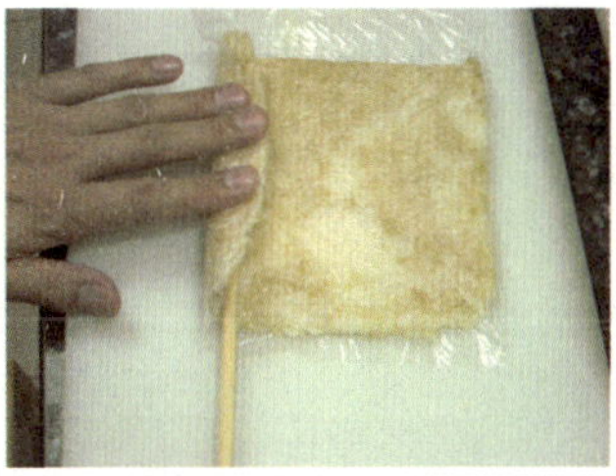

4 筷子放在左边，将饭从旁边卷起至中间。

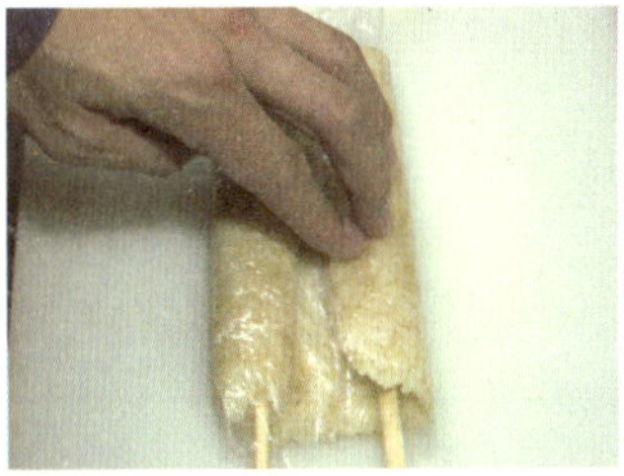

5 另外一边也一样，先放筷子，再向中间卷起来。

6 翻过来，用刀从中间切开。

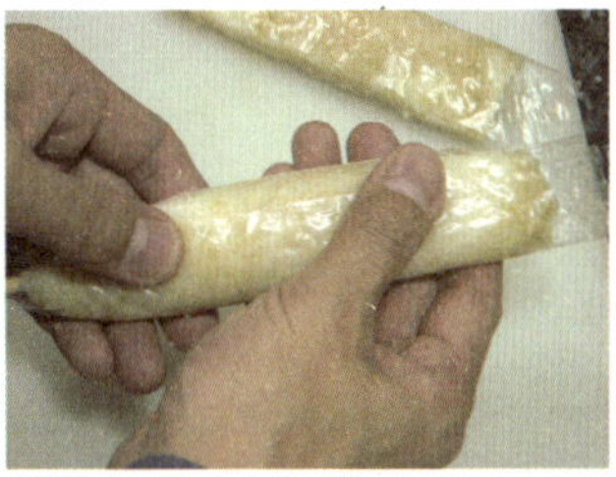

7 调整一下外形，拿掉塑料袋。

8 放入烤箱烤到表面稍微变干。

9 拿出饭团，用刷子在饭团表面涂一点酱油，放回烤箱，烤到有一点焦香的味道出来就可以了。

＊为什么不能先涂酱油再烤？太早涂酱油，米饭会吸收水分而开始变松。

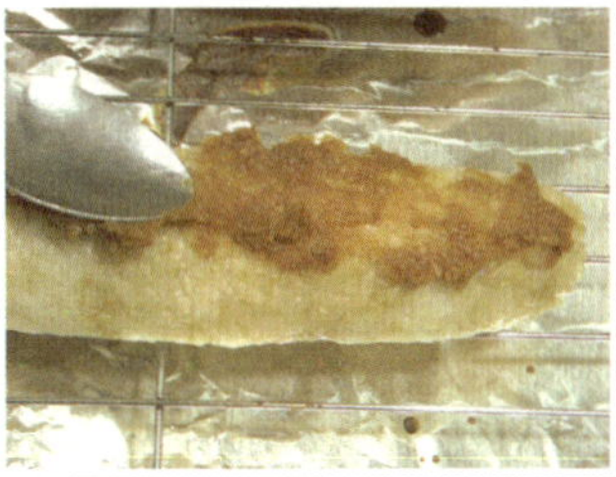

10 如果有味噌，用汤匙涂上一点再烤也会很香！

Grilled Miso flavored rice ball soup

烤味增饭团泡饭

1人份

材料

方便面 instant noodles——1包
米饭 steamed rice——80g
色拉油 salad oil——适量
盐 salt——少许
味噌 miso——1大匙
清酒 sake——1/4 大匙
味霖 mirin——1/4 大匙（不加也可以）
葱花 chopped green onion——少许
芝麻 sesame——少许
海苔丝 shredded nori——少许
鲣鱼粉 bonito powder——1/2小匙
热水 hot water——200mL

吃了很多丰盛的料理，有时候也会想吃简单一点的东西！新年时，大家都会吃到很多好吃的，要不要吃些简单一点的饭面类呢？我来介绍一种传统的烤味噌饭团，加一点花样，就可以做一道很适合冬天吃的料理，也很适合当做熬夜做功课学生们的宵夜哦！

做法

1 方便面开封之前揉一揉，把它弄碎。

*任何一种方便面都可以，看你喜欢哪种或你家里有哪种。

2 将方便面放进米饭里，加一点方便面的调味料，没有的话，加些鲣鱼粉。

根据个人喜好随意调比例就可以了！（¯▽¯*）

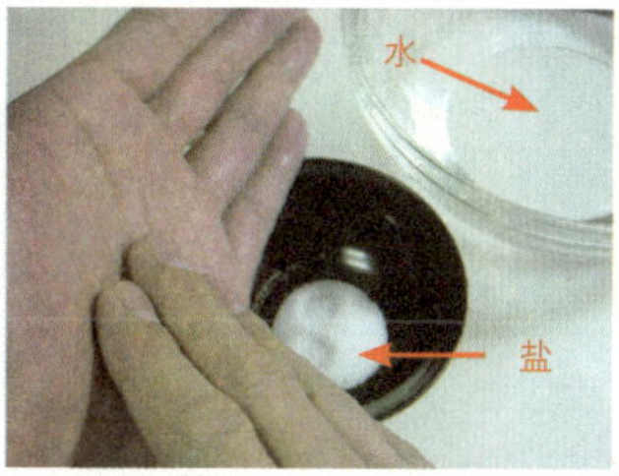

3 将保鲜膜铺在碗里，再放入步骤2的方便面与饭。

＊如果你想加其他东西的话，可在中间凹处放入想加的材料，如梅子、烤鲑鱼等。

4 用保鲜膜将方便面与饭包起来，用手捏成球形。

＊这个动作，需用力一点。不然等一会儿做成三角形的时候会散开。

5 准备水与盐，手洗净后再把手弄湿，涂上一点盐。

＊由于米饭已经有味道，所以不需要用太多的盐。

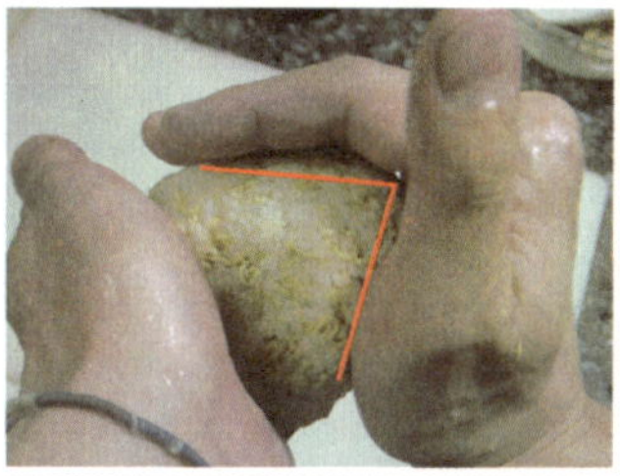

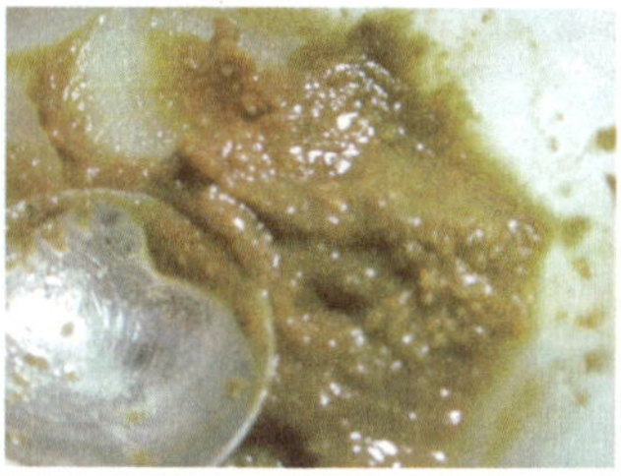

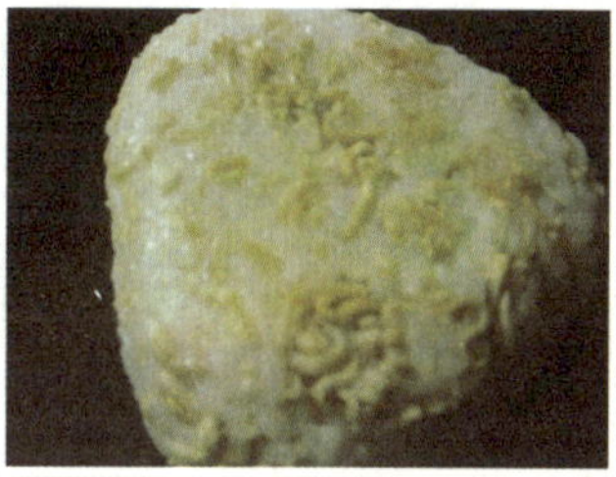

6 将步骤4的保鲜膜拿掉，用手将方便面饭团塑成三角形。

7 将味噌、清酒混合调匀。

＊也可以加入味霖，但不需要太多水分。把它弄湿软一点比较好涂。

8 平底锅中放一点色拉油，用小火将饭团煎到两面呈金黄色。

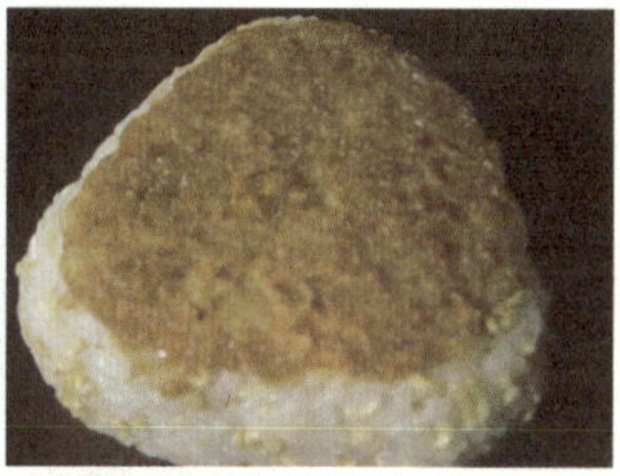

9 涂上步骤7的酱料后，翻面重复煎。

＊小心！味噌很容易焦掉，锅底只要轻涂上一点色拉油，稍微煎一下至有点微焦感就行了。

10 两面都煎至稍焦才比较好吃。吃之前，将饭团放在碗里，加入葱花、芝麻、海苔丝与加了一点鲣鱼粉调味的热水。

Long-xu cai soy sauce fried rice

享受山菜！日式豌豆尖炒饭

1人份

材料

豌豆尖 chayote leaves——1把
罐头泡菇 pickled mushrooms——2大匙
奶油或色拉油——1/2大匙
butter or salad oil
鸡蛋 egg——1个
酱油 soy sauce——1小匙
米饭 steamed rice——150g
鲣鱼粉 bonito powder——1/4小匙（不加也可以）
海苔丝 shredded seaweed——少许

我在菜市场见到很多新鲜的、有趣的东西，绿绿卷卷的蔬菜，看起来好像日本的山菜，很久没吃用山菜烹煮的料理了。而且这个周末我吃了太多的肉，于是决定做一道无肉炒饭！豌豆尖脆脆的口感非常好，跟其他的菇类一起炒，味道很不错。有一点焦香的酱油味道和山菜味，感觉就像回到了日本一样！

★如果您是吃素的朋友，而且不吃鸡蛋的话，也可以不加蛋，享受纯素的炒饭！

做法

1 将豌豆尖焯水，切成段。
＊没有豌豆尖，可以用芦笋或芥兰等代替。

2 我买了已经调理好的罐头泡菇。

＊如果买不到这种菇类，用其他新鲜的菇类也可以！先用奶油炒一下，再加一点酱油，放在一旁备用。

3 备一平底锅，放入奶油（或色拉油），待它熔化后加入鸡蛋液。马上用木铲（或木匙）搅拌，让鸡蛋吸收油分。如果你不吃鸡蛋，可直接炒新鲜的菇类，并加一点酱油调味。

＊在这个步骤中，鸡蛋不用炒熟，只要把油分包起来就可以了。

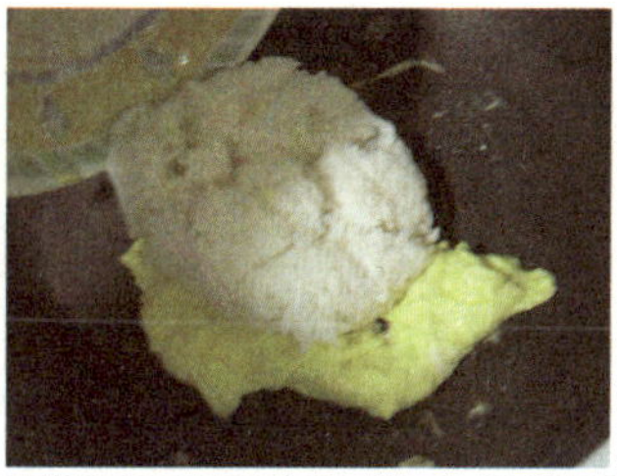

4 将米饭放在鸡蛋上面，用汤匙将米饭压一下，将鸡蛋吸收的油分挤压出来。如果没有鸡蛋，就在炒好的菇类上压一压！

＊这时炒好的鸡蛋（菇类）就像海绵吸收油分的样子。这样的话，鸡蛋与油分可均匀散开将饭粒包起来。

5 加入罐头泡菇炒一会儿。

＊泡菇含水分很多，用大火继续炒可以让水分蒸发。

6 加入豌豆尖继续炒。

7 从锅侧面加入酱油、鲣鱼粉（不加也可以），搅拌好后装盘，放入海苔丝。

＊为什么从侧面加入？因为让酱油稍微焦一点才能多一种香味！（¯—¯）后来，我想到可以用这种做法做意大利面，下次试试看！

Spanish omelet

丰富野菜！西班牙蛋饼

4人份

材料

米饭 steamed rice——1碗
土豆（切薄片）potato——1个
火腿（切小片）ham——50克
菠菜（焯）spinach——1把
盐 Salt——少许
胡椒粉 pepper——少许
鸡蛋 egg——4个
番茄（切片）tomato——1个
色拉油 salad oil——适量

早餐你都吃什么？我常常吃荷包蛋，但是每次都吃同样的东西会腻，而且应该要多吃一点蔬菜。冬天的早上很冷，不想吃沙拉，那就混在一起做西班牙蔬菜蛋饼吧！在这个忙碌的季节里为自己补充能量！

做法

1 起油锅，将切成薄片的土豆炒熟。

*土豆若切得太厚，要炒很久。先用热水焯一下再炒可以很快炒熟。

2 加入切成小片的火腿与焯过的菠菜拌炒一下，加入盐、胡椒粉调味。

*如果要用培根代替火腿，培根需先和土豆一起炒。

3 改小火，加入鸡蛋液。

4 加入切成片的番茄，盖上锅盖。

5 开小火，慢慢煎。

6 打开盖子，看看熟得如何，翻面。

＊如果你会翻转，请直接翻面，如果你不太会的话，也别紧张！请看下一个步骤。

7 准备一个盘子，盘面朝下放在锅上。

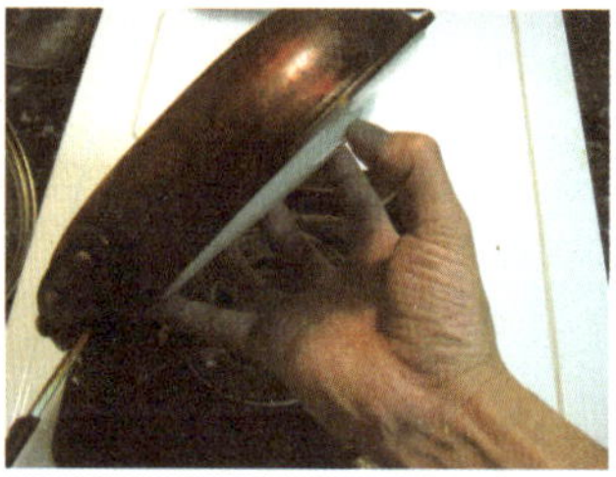

8 拿好盘子，将锅翻过来。

＊小心，锅的边缘会很烫！

9 将饼再滑回锅中。

＊如果锅底有黏焦的话，先用纸巾擦干净，再加一点色拉油。

10 用小火继续煎到蛋饼完全熟后，用与步骤8同样的动作，装盘。搭配番茄酱一起吃！

Dried fish & nuts rice pizza

丰富钙质！米蛋比萨

1人份（3片）

材料

奶油 butter——适量
猪排酱 tonkatsr sauce——适量
（不加也可以）

[米蛋比萨]

杏仁小鱼——适量
almond & dried fish

米饭——1碗
steamed rice

鸡蛋——1个
egg

比萨起司——少许
pizza cheese

葱花——少许
green onion

银鱼——适量
white bait fish

酱油——约1小匙
soy sauce

今天有点忙，只吃了一点点东西。现在很晚，开始饿了。（'Д`）要吃什么呢？啊！有杏仁小鱼！吃这个就好了。它是一种很好的零食，里面有很多钙质。但是，米饭也要吃，我想到一个好主意，何不把它们都放在一起呢？其实，这道菜我小时候常常吃。原本是吃米饭加鸡蛋，再淋一点酱油，但常常吃到一半时偷偷溜进厨房里用平底锅煎一下。现在，我长大了，应该可以多加一点东西让营养丰富一下了吧！

1 我买的零食，本来是为了下酒买的。（*￣▽￣*）不一定要用这种零食，看你喜欢的牌子。果仁太大的话可以切碎，或放入果汁机里打碎。

2 将所有材料全部放进碗里搅拌均匀。

＊比例？哎呀，不要太死板，你想放多少就放多少，都可以的啦！

3 锅里加入一点奶油，用汤匙加入步骤2的饭，以中火煎。

＊我建议用冷冻的奶油，这样比较有弹性。

4 等饭煎成金黄色后翻面，把另外一面也煎熟就完成了！

＊可以在饭上面涂一点猪排酱，不涂也没关系。因为有坚果和小鱼，口感非常脆，不但适合大人吃，小朋友也会喜欢，而且还含有丰富的钙质！

High protein & low cal. Tuna rice bowl

高蛋白、低热量金枪鱼盖饭

1人份

材料

洋葱 onion——1/8个
日式柴鱼酱油（2倍浓缩）——1大匙
soba tsuyu
金枪鱼（罐头）——100g
caned Tuna
鸡蛋 egg——1个
葱（切丝）green onion——适量
海苔丝——适量
shredded seaweed

这次我想做又快、又好吃、又健康、又简单的料理。我常去健身房，运动完后常喝奶清蛋白。一般大人一次膳食可以吸收大约30克的蛋白质，我尽量做富含蛋白质的料理（其实很难……）。鱼是一种优秀的食材，100克里有20克左右的蛋白质。问题是水煮金枪鱼罐头的口感太干，那么就来做一道汁多的料理——金枪鱼盖饭！一个鸡蛋有6克蛋白质，150克米饭有4克蛋白质，加上100克金枪鱼（蛋白质20克），恰好是一次可以吸收的分量。如果吃太多的蛋白质，结果会怎样呢？全都贡献给了马桶。（T_T）

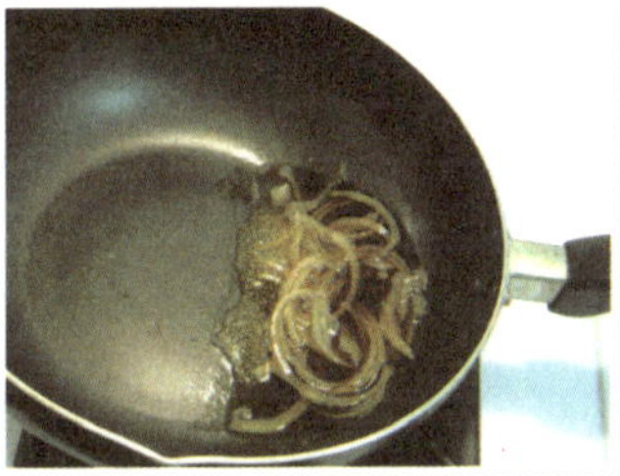

1 洋葱切丝后，放入平底锅中，加入日式柴鱼酱油一起煮。

*因为我家没有电饼铛，而且一次做的分量不多，所以我用平底锅替代。就像图片一样，将锅稍微斜放着煮。

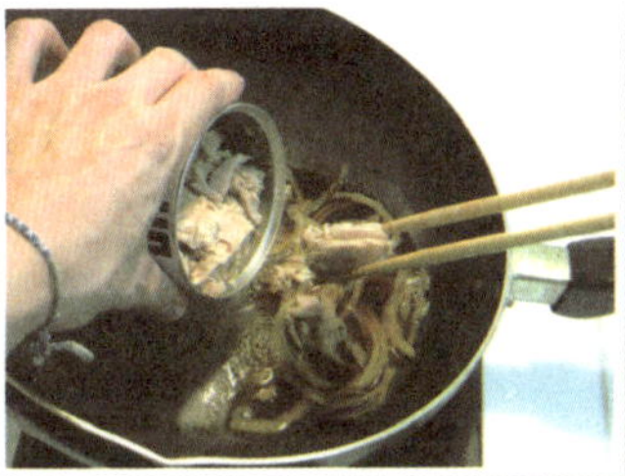

2 等洋葱变软后，加入金枪鱼。

*加入金枪鱼后不要煮太久。因为金枪鱼已经熟了，煮太久鱼肉会碎掉。

3 打入鸡蛋，就像玉子烧的蛋汁一样。用筷子切蛋，不要搅拌！

*为什么？因为蛋清、蛋黄的凝固温度不一样。煮好后，吃蛋的时候是一种享受。有的部分滑，有的部分很筋道，吃起来口感比较好。

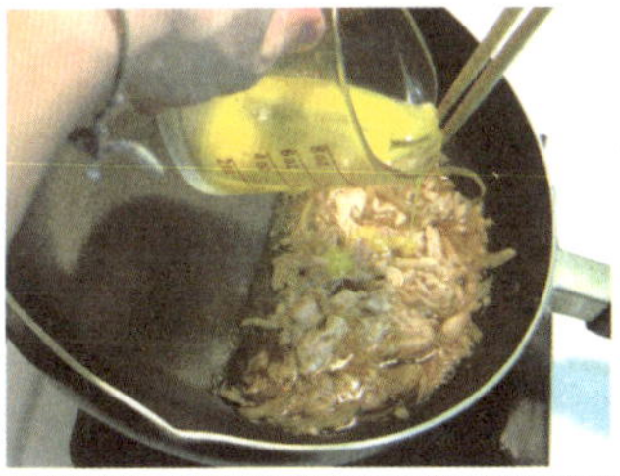

4 用筷子辅助，让蛋液缓慢流下去。

5 加入葱丝盖起来，用人火煮约30秒。

*每家煤气灶的火力都不一样，到自己喜欢的熟度就熄火。

6 让步骤5的材料滑到准备好的米饭碗里。上面放一点海苔丝。

Home made Japanese style paella

充满妈妈味道的丰富野菜什锦饭

6人份

材料

海带水 kelp water——3杯

米 rice——3杯

香菇（干燥）——5朵
shitake mushrooms（dried）

魔芋 konjak——1/3个

牛蒡 burdock root——50g

炸豆腐 deep fried tofu——1片

胡萝卜 carrot——50g

［调味料］

清酒 sake——3大匙

白砂糖 sugar——1小匙

酱油 soy sauce——3大匙

盐 salt——2/3小匙

［海带水］

海带 konbu sea kelp——15cm

水 water——4～5杯

小时候，妈妈常做“炊き込みご饭（杂炊饭）”，将季节性的食材放在一起煮。但是以前我不太喜欢，比较喜欢炒饭类。长大后自己煮饭，也会常做炒饭类。最近有机会做这道料理，一开始不怎么样，只是像平常那样切菜、处理食材、放入电饭煲、按下开关。后来，从电饭煲弥漫出米开始煮沸的蒸汽，跟妈妈煮饭时闻到的味道一模一样，突然感觉像回到了小时候！我一直等到煮好，打开盖子。哇，它的确把我的记忆找了回来。吃一口，很温柔的味道……让我们享受这道温馨的家庭料理吧！

做法

1 准备好海带水，将海带放入水里泡半小时左右。

*海带表面有白白的粉，不要洗掉！那个是甘露醇，直接放入水里就好了。

2 将米洗好。

*第一次加入的水，被米吸收的最多，故加入水后拌一下就马上倒掉，再加入第二次的水继续洗。不用洗太久哦，这个动作越快越好。

3 将洗好的米放在滤网里，晾约30分钟。

*一直泡着水也可以。但我担心米泡水时间太久，表面会吸收太多水分，煮的时候容易变得很黏。

4 将干香菇泡水至变软。

5 香菇泡好后取出，剪掉蒂。

6 将香菇切成丝。

7 将魔芋放入冷水中煮约5分钟，去掉腥味。

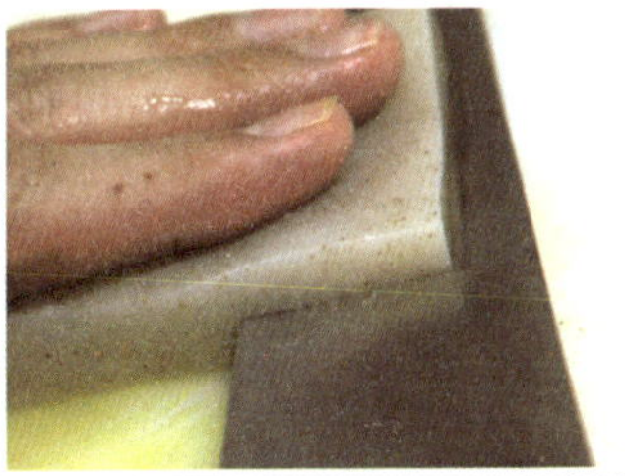

8 将魔芋横切成薄片。

9 再切成丝。

10 用热水冲淋炸豆腐，去掉表面的油味。

11 将炸豆腐切成小块。

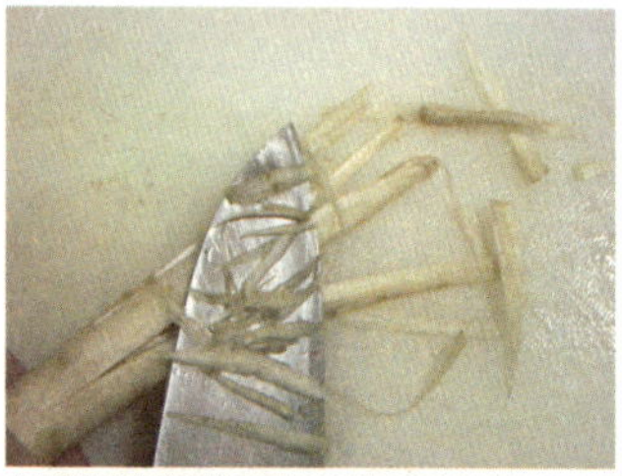

12 将牛蒡和胡萝卜切成细丝。

13 将步骤3洗好的米放入电饭煲里，加入海带水。

14 将所有切好的材料放在米上面。

15 加入调味料。

*若觉得味道有点淡，可以自行调整调味料。

*注意，因为饭还要与其他料理一起吃，若味道太重的话会觉得腻。

16 加入调味料后拌一下，然后开始煮饭。普通的煮饭设定就可以，很快就会有很幸福的味道飘出来！¯▽¯

*有一个误解要注意！有人会将米泡在调过味的水（已经加入调味料）里面，千万不要！ ＞＜）// 因为盐分的浸透力很强，泡太久的话，煮熟的米会有芯（还没熟的口感）。调味料的比重太高的话，会很快沉淀，煮的时候锅底容易焦！

17 饭煮好后不要马上打开锅盖，继续焖约10分钟。

*锅底可能还会有一点金黄色的沉淀，日文叫“おこげ”（指“锅巴”），吃起来非常香！

18 我用什锦饭做的饭团，就用来当便当吧！

asted chicken salad with Japanese creamy dressing / Hamburg steak with Enoki mushrooms sauce / Sauteed
ef-rolled Enoki mushrooms / Braised Beef & burdock root rice bowl / Stir-fried onion sauce marinated pork
ork shabu-shabu salad with sesame dressing / Cabbage roll with chicken & tofu / Succulent Beef croquette
urry flavored breaded chicken / Home made Sukiyaki / Spicy miso marinated chicken / Beef steak with
iental onion sauce / Cheese Hamburg steak with rosemary mashed potato / Baked Tonkatsu/breaded pork
n / Chicken & Japanese yam Hamburg steak / Gourmet chicken Teriyaki / Sautéed Diablo herbed chicken

Roasted chicken Salad with Japanese creamy dressing

烤鸡胸肉沙拉和低热日式蛋黄酱

1人份

材料

烤鸡肉 roasted chicken——60g
洋葱 onion——1/8个
圣女果 mini-tomato——5个
罗马生菜 roman lettuce——3~4片
海苔丝 shredded seaweed——少许

[日式蛋黄酱]
蛋黄酱（低热）mayonnaise——2大匙
日式柴鱼酱油 soba tsuyu——1/2大匙
酱油 soy sauce——1/2大匙
醋 vinegar——1小匙

大超市里有很多东西，面且都是大包装的。逛大超市的时候要小心，因为很多诱惑在等着你。比如，一整只的烤鸡，太香，不买可惜！但是，买那么多的肉，吃得完吗？这次，就用烤鸡肉来做超简单的低热沙拉吧！

做法

1 从超市买的烤鸡，还剩这么多！

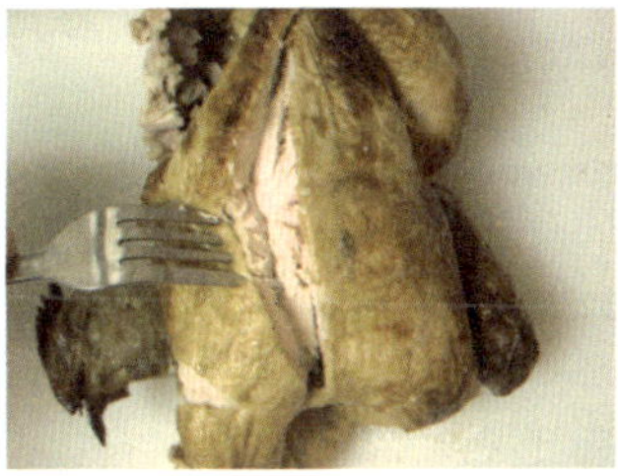

2 用叉子或直接用手将鸡肉撕成小片。

＊如果怕热量太多的话，可以去掉鸡皮。

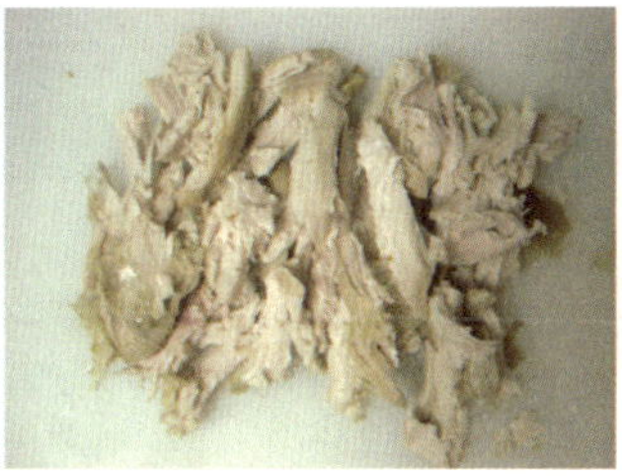

3 撕好的鸡丝。

4 洋葱逆纹切成薄片。

＊用洋葱做沙拉时，我建议以逆纹的方式切，这样可以让洋葱的辛辣味从纤维中散出来。

5 将洋葱片泡入水中。

6 将圣女果对切。

7 切好的圣女果。

8 将罗马生菜切成容易入口的大小。

9 将蛋黄酱和日式柴鱼酱油混合在一起。尝一尝，觉得不够酸或咸的话，再加一点醋或酱油。

10 将切好的菜装盘，放入撕好的鸡肉，淋上步骤9做好的日式蛋黄酱，在最上面撒上点海苔丝。

Hamburg steak with Enoki mushrooms Sauce

日式金针菇酱汉堡肉

4人份

材料

洋葱 onion——1/2个
橄榄油 olive oil——适量
面包粉 bread crumbs——25g
牛奶 milk——60mL
牛绞肉和猪绞肉（比例为7:3）——400g
ground（beef:pork=7:3）
盐 salt——4g
胡椒粉 pepper——适量
鸡蛋 egg——1个

[日式金针菇酱]
金针菇 enoki——50g
酱油 soy sauce——4大匙
味霖 mirin——5大匙
清酒 sake——120mL
水淀粉（potato starch）（淀粉:水:water=1:1）——适量
*请注意！各种调味料中，每种牌子的咸度不一样，可参考上面的比例，再调整成自己喜欢的味道。

父亲节快乐！在台湾，八月八日是父亲节，汉语“八”是“爸”的意思，日文发音是Otousan。在日本，八月八日是否有特别的意义，我没有印象。不管了，让我们来看看今天介绍的是什样的日本料理吧！寿司？天妇罗？当然它们是日本料理，但日本人也不是每天都吃这种料理，我们还有许多日式料理。日本人总是将学到的西洋料理改良成一种新的食品，“蛋包饭”就是其中的一种。我个人很喜欢做这种料理。汉堡肉也是，有鸡肉的、加豆腐的等，这次介绍最基本的步骤。用台湾既有的材料来做日式改食料理，开始喽！

做法

1 洋葱切末，放入锅中，加入橄榄油（或色拉油）炒到透明。
*洋葱要经过炒后，甜味才会出来。

2 将炒过的洋葱放在盘子里冷却。

＊一定要冷却，不然待会儿跟绞肉混合的时候，脂肪会溶化，使口感变差。

3 在面包粉里加入牛奶，让面包粉吸收。

＊这个步骤会给汉堡肉增加一点水分，使口感更丰富。

4 买不到绞肉的话，可以用肉丝代替，也可以再用刀子切碎或用处理器绞碎。

＊自己做绞肉时，肉不要打太细，有一点肉块口感比较好，肉汁也比较多！汉堡肉最理想的比例是3:7（猪肉:牛肉）。猪肉太多会太油，牛肉太多则会太干。如果你不吃牛肉，只用猪肉也可以。当然，相反也是可以的。最重要是，只要你觉得方便就好!

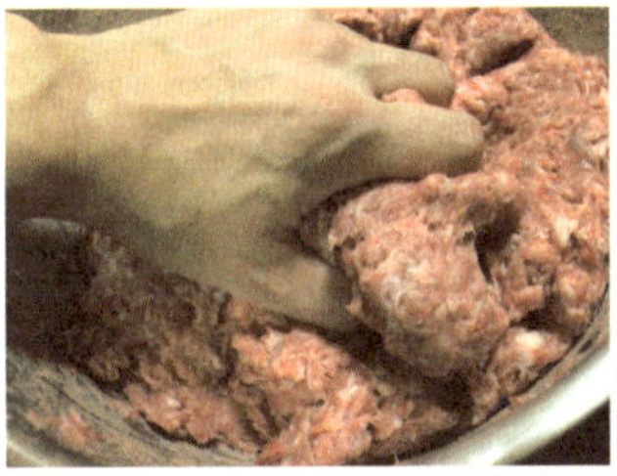

5 绞肉里放入盐（分量为肉的1%）。用手继续搅拌肉到感觉黏黏的程度。

＊这一步很重要！先将盐加入肉里搅拌好，让盐与肉的蛋白质结合，这样才会变黏，吃的时候才有松软的口感。

6 放入其他汉堡肉的材料，并搅拌均匀。

＊这时也可以加入你喜欢的调味料，如酱油、番茄酱、蛋黄酱等。先做小分量的试试味道。太干的话，可以加一点蛋黄酱。

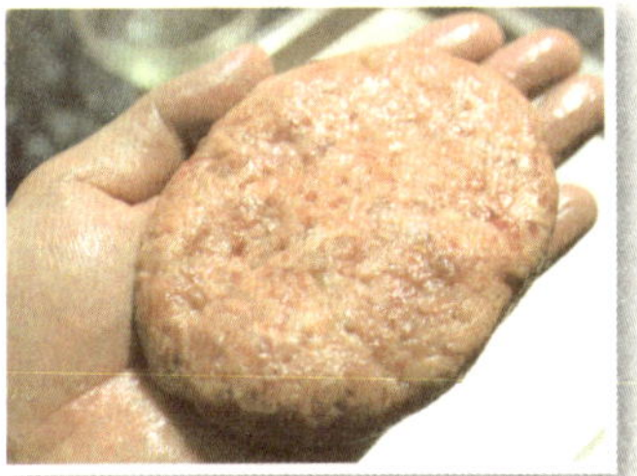

7 盘子和手都涂上油，挖出一份绞肉（150g左右），先做成球形在手上来回拍打，就像接球的动作。

＊为什么要拍打？绞肉里含有很多空气，拍打肉排除空气，煎的时候才不会裂开。

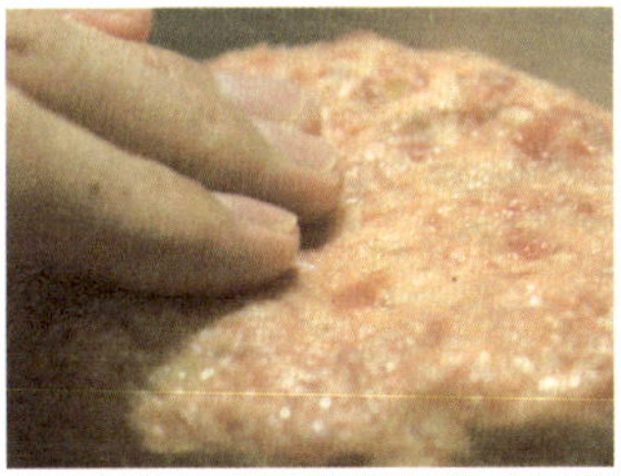

8 打好后，慢慢做成椭圆形。排在盘子中，中间压凹一点。

＊为什么中间要压凹？因为煎熟时，中间需要的时间最多，而且中间会胀起来。所以先把中间压薄一点，煎的时候厚度就会刚刚好!

9 用大火煎两面，以封住肉汁。

10 盖上锅盖，用小火继续煎5～6分钟。

11 有透明的肉汁溢出来就表示熟了。

＊如果是粉红色的肉汁，表示还没有熟，需要继续煎。

12 将金针菇的根部连包装一起切掉，这样不会弄脏砧板。袋子里加入水，冲洗一下，再拿出来切段。

13 将金针菇、酱油、味霖、清酒放在一起煮熟，最后加入水淀粉勾芡。

小贴士

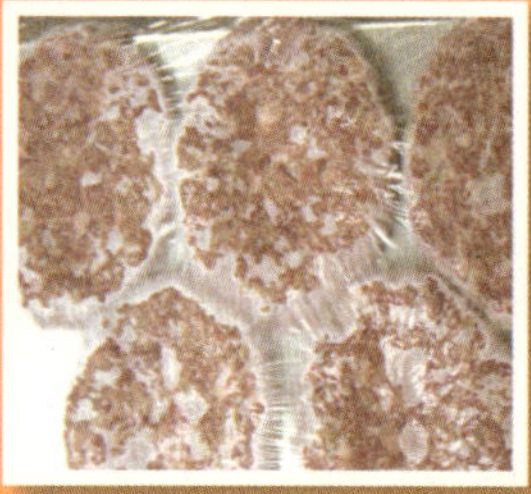

1 汉堡肉可以多做一点，放进冰箱冷冻室保存，下次可以做成其他料理！

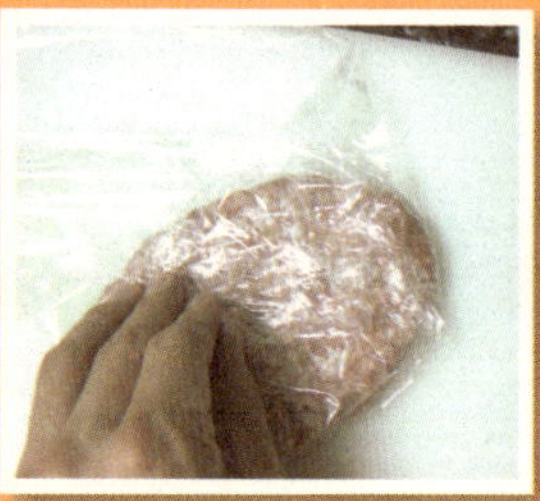

2 每片汉堡肉都用保鲜膜包起来。

3 放在密封袋中，冷冻保存。要用的时候，拿出来放在冷藏室或室温下，待其慢慢自然解冻后，再下锅煎即可。

Sauteed beef-rolled Enoki mushrooms

可鲁可鲁牛肉金针菇卷

1人份
1 serving

材料

金针菇 enoki——1/2把
牛肉片 sliced beef——3片
葱花 green onion——少许
黑、白芝麻——少许
black & white sesame
面粉 flour——少许

[酱料]
酱油 soy sauce——1.5大匙
味霖 mirin——1大匙
清酒 sake——2大匙
白砂糖 sugar——1小匙

“可鲁可鲁”取自日语的发音kuru-kuru，就是“卷卷”的意思。这次就是利用火锅的薄片牛肉来做一种我突然想出来的料理。本来想随便炒一炒，但后来想想，我应该可以做出一道不错的料理……牛肉和金针菇是好朋友，把它们凑在一起，加一些日本酱料，就可以做出一道具有传统风格的创意料理哦!

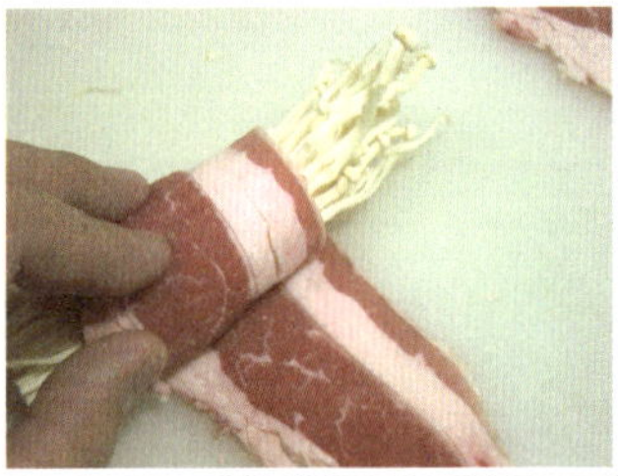

1 把金针菇分成小束，用牛肉片卷起来。
＊卷紧一点，因为烹煮时，金针菇会缩小。

2 用牙签固定。
＊“在肉片末端撒一点面粉将肉黏住。也可以用你习惯的方法!

3 锅里加点油，放入肉卷，煎至两面呈金黄色。

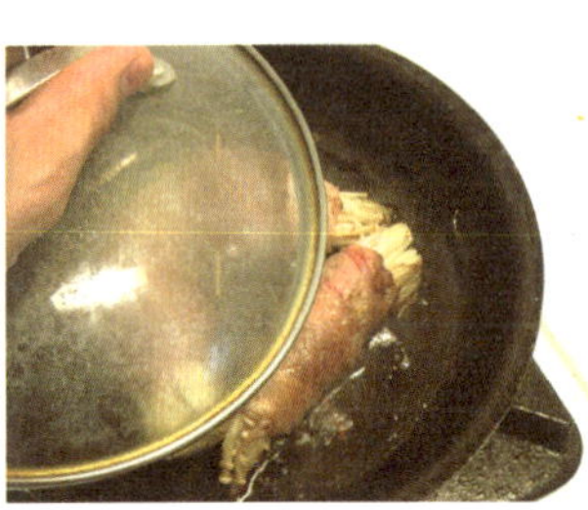

4 加入“酱料”的材料，盖上锅盖，继续煮。

5 待金针菇变软后打开盖子，用汤匙将酱汁淋在肉卷上。

6 大火煮至酱汁浓稠后，熄火装盘。食用前撒上黑、白芝麻和葱花即可。

Braised Beef & burdock root rice bowl

快速午餐！牛肉“时雨煮盖饭”

1人份

材料

牛蒡 burdock root——50g
牛肉片 sliced beef——60g
酱油 soy sauce——2大匙
味霖 mirin——2大匙
清酒 sake——2大匙
水 water——2大匙
鸡蛋 egg——1个
绿色蔬菜 green vegetable——适量
米饭 steamed rice——1碗
海苔丝 shredded seaweed——少许
七味粉 seven spices（shichimi）——少许

这次要介绍日本家庭中常见的料理——盖饭，这道料理原本味道很重，直接吃当然也很好，但我常常放在米饭上吃，后来想试试看加鸡蛋煮会变成什么样！不是吉野家的那种牛肉盖饭，但是一样有满足感，而且比较健康！肉虽然少一点，但多加一点牛蒡，会有更丰富的纤维！

做法

1 将锡箔纸弄皱，利用锡箔纸的皱折刮掉牛蒡表面的皮。

＊用锡箔纸给牛蒡刮皮？试试是否很简单！胡萝卜、土豆也可以用同样的方法去皮。因为牛蒡的皮下有很多营养物质，所以最好不要削皮。

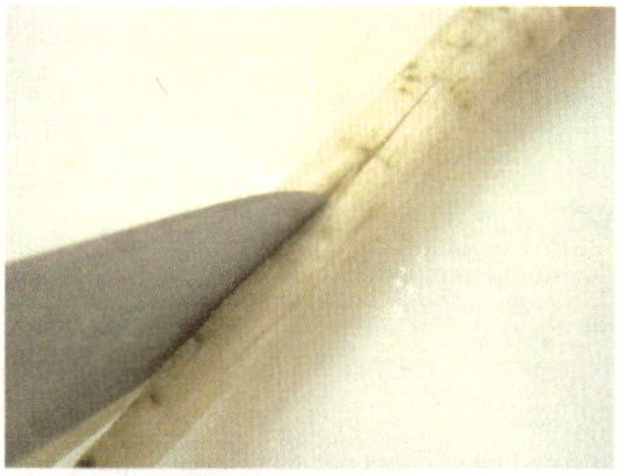

2 用刀将牛蒡从中间切开。

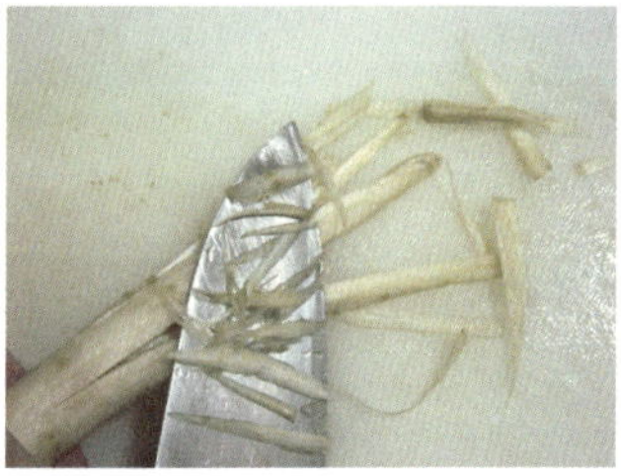

3 用削笔一样的动作削牛蒡。

＊因为这次煮的时间比金平牛蒡短，所以需要切薄一点。

4 牛蒡很容易变色，削好后马上泡水。

5 备一个锅，加入香油后点火，放入牛蒡翻炒。

6 炒到牛蒡变软后，再放入牛肉片继续炒。

7 炒至牛肉片变色后，加入酱油、味霖、清酒与水。

8 盖上锅盖，用小火煮3～4分钟。

9 锅斜放。

＊为什么斜放？因为等一会儿要加入鸡蛋液，要让它凝固成像碗一样大，而不要让它散开。如果你用的是小锅，就不用斜放了。

10 放入鸡蛋液后，加入绿色蔬菜，盖上锅盖，煮到你喜欢的熟度。

＊为了鸡蛋的好口感，蛋不要搅拌太多次，用筷子切蛋黄即可。青菜，这次我用的是焯好的四季豆。

11 将步骤10的材料慢慢滑到米饭上，撒上海苔丝与七味粉作装饰。

Stir-fried onion sauce marinated pork

净化血液效果！大火烧猪肉熟成洋葱酱

1人份

材料

洋葱——100g
onion

清酒——2大匙
sake

味霖——2大匙
mirin

酱油——3大匙
soy sauce

猪肉片（梅花肉）——100g
sliced pork

卷心菜——2~3片
cabbage

绿色蔬菜——5根
green vegetable

白芝麻——少许
white sesame

*请注意，各种品牌调味料的咸度都不一样，可参考上面的比例，再调整出自己喜欢的味道。

很多人不太喜欢洋葱，原因是它的味道太呛、太辣、太苦、太臭等，我觉得洋葱是一种非常好的食材，前提是要知道怎么处理。想要它脆脆的口感，就切好后放入冰水中；想要它本身的甜味，就炒久一点，把它的甜味拉出来。这次做的是“豚の烧肉定食（猪肉定食）”，是将洋葱腌过后用大火炒。我预先做好洋葱酱，在冰箱里放了一个晚上，让它熟成，等味道稳定后再开始腌。洋葱用大火炒至焦糖化，味道会更甜！洋葱有净化血液、预防动脉硬化的功效，所以可以开心地吃，健康地吃！

1 将洋葱、清酒、味霖、酱油放在果汁机里打成泥。

2 打好后，装进容器中，在冰箱里存放一个晚上。

*刚打好的时候，颜色白白的，布满泡泡，等一会儿就会变成正常的酱油颜色。

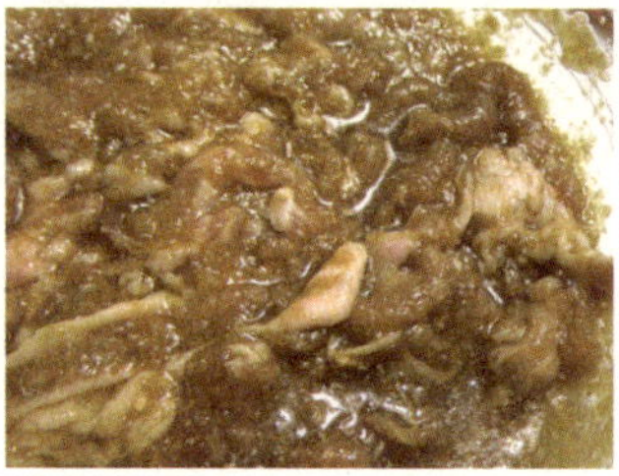

3 猪肉放在碗里，加入步骤2的洋葱泥，搅拌均匀。

4 卷心菜切丝，放在凉水中。

5 大火热锅，放入步骤3的洋葱泥与肉，将材料均匀摊开后，稍微煎一下。

6 等到肉上色后，放入绿色蔬菜（四季豆）。稍微拌炒一下，盛入盘中，撒上白芝麻，旁边放上卷心菜丝。

*像四季豆这类绿色蔬菜，我建议焯过后再加入。

猪肉涮涮沙拉和芝麻味噌酱

Pork shabu-shabu salad with sesame dressing

1人份

材料

猪肉（薄片）——60g
sliced pork

清酒 sake——少许

京水菜（或者其他你喜欢的菜）——1~2把
potherb mustard

海苔丝——少许
shredded seaweed

[芝麻味噌酱]

生白芝麻——1小匙
white sesame

白芝麻粉——2大匙
white sesame powder

味噌 miso——2小匙

味霖 mirin——1.5大匙

酱油 soy sauce——1大匙

蛋黄酱 mayonnaise——2大匙

白醋 white vinegar——2小匙

冰箱冷冻室里有一些猪肉片，这次用来做什么？快炒？天气太热，算了吧！有主意了！刚好冰箱里还有一点京水菜，在日本冬天很有人气的猪肉京水菜涮涮锅就是这种组合！虽然想吃火锅，但无奈天气太热，那我就改良成适合夏季食用的口味吧！多汁的猪肉，脆脆微苦的京水菜，再淋上原本是用在火锅中的芝麻味噌蘸酱。想吃猪肉涮涮锅，不用等到冬天，现在就可以享用了！

1 将生白芝麻直接放入锅中，不需放油，以小火慢慢炒出香味。

＊本来想买已炒过的芝麻，但买错了！不过我发现自己现炒的白芝麻味道更好！

2 将炒好的白芝麻放入研磨机中打碎，或用刀切碎。

3 备一个碗，放入其他的"芝麻味噌酱"材料，再加入步骤2的白芝麻。

＊这次还用了白芝麻粉，而芝麻粒留下脆脆的口感，可以享受磨碎后的香味。

4 用打蛋器搅拌，充分混合好，尤其是味噌。

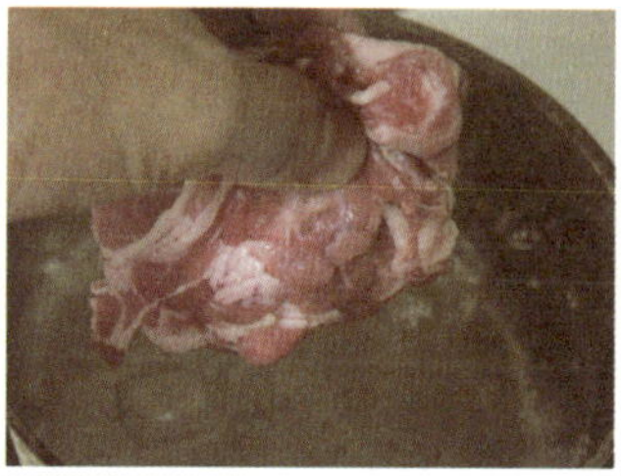

5 水煮沸，加入清酒后放入猪肉片。

＊加清酒会去掉猪肉的腥味，米酒也可以。

6 猪肉煮熟后，捞出来吹风冷却，与切好的京水菜装盘，淋上步骤4，撒上海苔丝。

Cabbage roll with chicken & tofu

日式卷心菜卷

6卷

材料

板豆腐 firm tofu——125g
葱 green onion——30g
鸡绞肉 ground chicken——150g
鸡蛋 egg——1个
淀粉 potato starch——1小匙
卷心菜 cabbage——4片
盐 salt——1/4小匙
比萨起司 pizza cheese——20g

[酱油汤底]
水 water——1000mL
鲣鱼粉（或盐）——1/2小匙
bonito powder (or salt)
酱油 soy sauce——5大匙
味霖 mirin——2大匙
白砂糖 sugar——2大匙
清酒 sake——3大匙

用卷心菜叶包裹猪肉绞或牛绞肉，加入番茄酱一起煮，味道很好，我很喜欢。其实也可以做成日式口味的，使用鸡肉，中间包入起司放在酱油汤（关东煮之类的汤）里煮，味道很柔和。而且加入豆腐后，口感会变得非常松软!

做法

1 在板豆腐上面放一个盘子，上面再放重物，压约半小时。

＊很多豆腐料理都需要事先脱水，水分太多不好处理。

2 用橡皮筋将葱绑起来切，这样比较好切!

3 切成末。

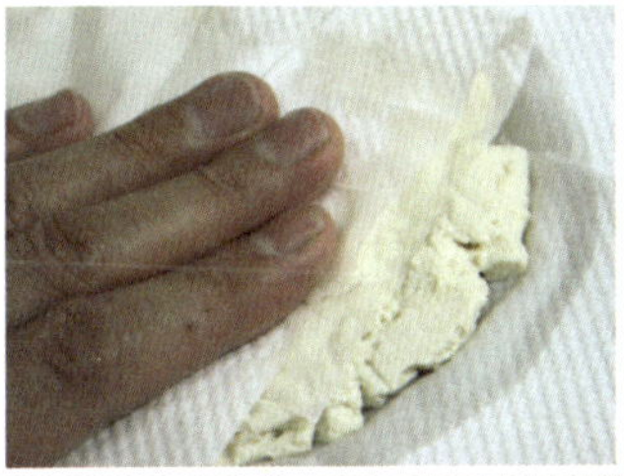

4 用纸巾把板豆腐包起来压扁，再去掉水分。

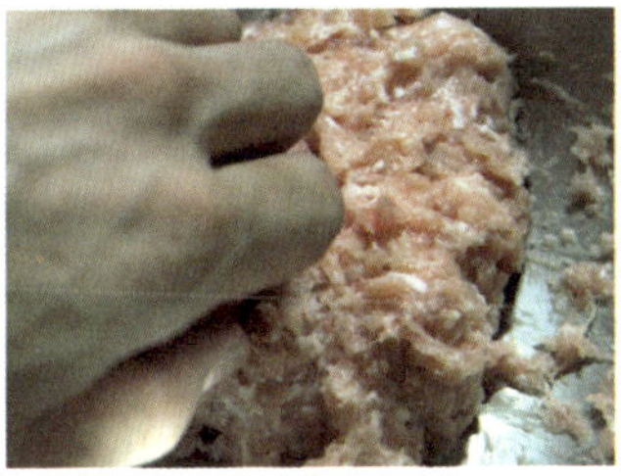

5 鸡绞肉中加入盐，搅拌到变成黏稠状。

＊和汉堡肉的步骤一样，先把鸡绞肉与盐搅拌好，这样口感比较好。

6 放入葱末、鸡蛋、板豆腐与淀粉。

7 将步骤6的材料搅拌均匀后，放入冰箱冷藏一下。

＊趁处理卷心菜的时间，把肉冷藏起来让它稍凝固，这样比较好处理。

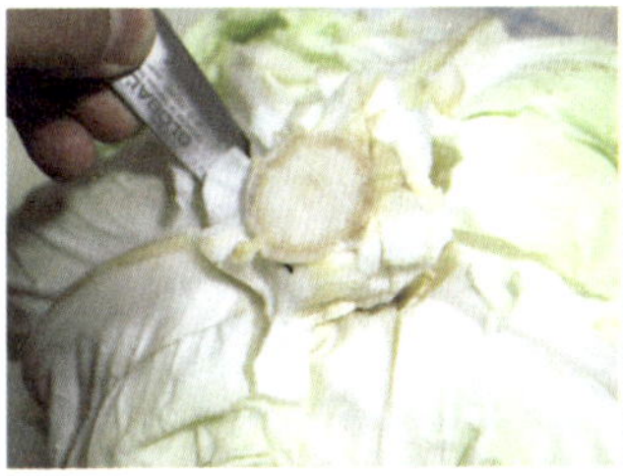

8 用小刀将卷心菜的梗切掉。

＊注意！卷心菜很硬，要慢慢切！

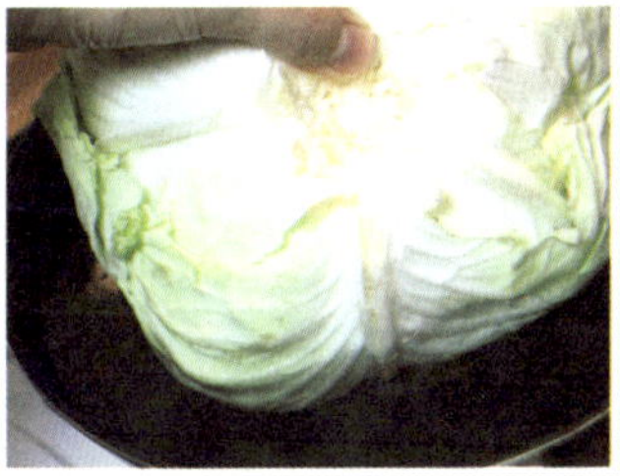

9 把卷心菜放进煮沸的水里烫一下，让皮变软。

＊因为皮硬会不好剥，容易破开。可以将一整颗卷心菜放入热水里，再一叶一叶地剥下。但未必会用完一整颗卷心菜。

10 把卷心菜从热水中拿出来，用手慢慢剥叶片。如果觉得太脆，再放回热水里烫一会儿，重复此步骤至剥出需要的量。

11 把卷心菜叶煮软。

12 将卷心菜叶煮好并冷却后，削去较厚的部分（梗）。

13 将切掉的梗切碎，加入步骤7的馅料中。

14 取一点馅料放在卷心菜叶中（靠近根的部分），再在馅料上放一点比萨起司。

＊馅料不要放太多，否则不容易包。

15 先卷根部，再将两边（左、右边）折起来。

16 将整个卷心菜叶卷好。

17 用牙签或意大利面将卷心菜卷固定好。

＊用意大利面？没错！这样煮好后，不用拿掉，直接吃即可。也可以用韭黄来绑，但记得要先烫一下！

18 将“酱油汤底”的材料混合好。

19 备一个平底锅，将卷心菜卷一个一个排好后，加入“酱油汤底”的汤汁。

＊如果味道不够咸，可以再加入酱油。因为卷心菜卷本身的味道很淡，所以汤底的味道强烈一点没关系。

20 盖好锅盖，用中火煮约20分钟。

21 也可以加入海带结和步骤19的卷心菜卷一起煮！

Sautéed Diablo herbed chicken

恶魔风香草脆皮鸡腿肉

1人份

材料

茄汁酱——100mL
tomato sauce

*做法参见P.70咖喱奶酪炸鸡排和茄汁酱。

鸡腿肉（去骨）——1块
chicken thigh

橄榄油 olioe oil——少许

盐 salt——少许

胡椒粉 pepper——少许

香草（百里香）——少许
thyme

土豆——1/2个
potato

菠菜——1把
spinach

奶油——少许
butter

1 用小火加热茄汁酱，再加入盐、胡椒粉调味（图片里的茄汁酱是冷冻的）。

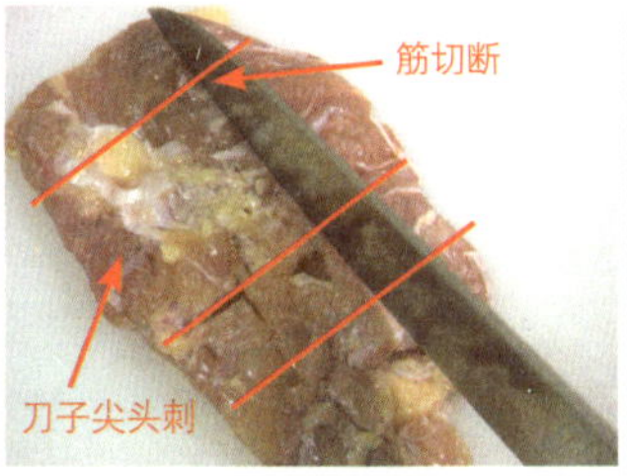

2 鸡肉较厚的部分需要切开，厚度要均等，再切断筋。

*软骨不需要去掉，可以用刀尖刺一下。

3 在鸡皮上淋一点橄榄油。

4 撒上盐、胡椒粉，擦在鸡皮上，将香草贴在鸡皮上。

*这次用新鲜的百里香。制作番茄料理适合的香料有牛至、莳萝、迷迭香或其他香草，干燥的也可以。

5 锅加热后开中火，放入奶油，奶油熔化后，将鸡腿皮朝下放入。肉上放锡箔纸，再放上锅压。

*为什么要压？因为这样才能将鸡皮完全煎到，若没有压好，它会卷起来。

6 煎到鸡皮变成金黄色，将肉翻过来，用小火继续煎熟，装盘，放入喜欢的配菜（菠菜、土豆）。

*不要盖上锅盖焖，以保持鸡皮的脆度。

Curry flavored breaded chicken

咖喱奶酪炸鸡排和茄汁酱

4人份

材料

鸡腿肉 chicken thigh——4块
面粉 flour——适量
鸡蛋 egg——1个
面包粉 bread crumbs——适量
咖喱粉 curry powder——适量
比萨起司 pizza cheese——120g
芦笋 asparagus——8根
盐 salt——少许
胡椒粉 pepper——少许
色拉油 salad oil——适量

[茄汁酱]
橄榄油 olive oil——适量
蒜（切碎）chopped garlic——3~4瓣
洋葱（切碎）chopped onion——1/4个
番茄罐头 canned tomato——1罐
盐 salt——少许
胡椒粉 pepper——少许

做法

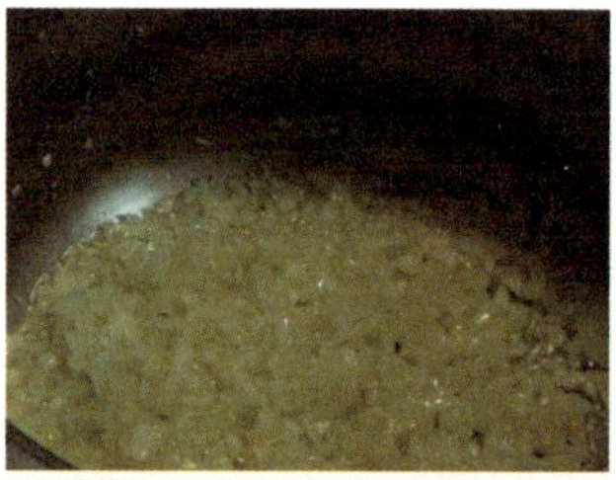

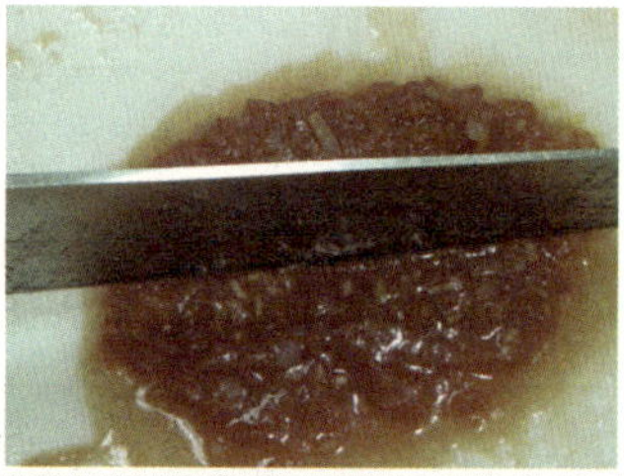

1 先做茄汁酱。锅中加入橄榄油和切碎的蒜末，开中火，等到香味出来后加入洋葱，炒到洋葱呈透明状。

*先不要开火，等加入橄榄油和蒜末后再开火，这样可以预防烧焦。

2 加入番茄罐头的汁，番茄用手捏碎或者放在盘子上切碎后再放入锅里，小火继续煮约30分钟。把材料的味道煮出来后，加入盐和胡椒粉调味。

*如果时间还没到，酱又太干，可以加一点水。其实，这个酱在冰箱中放置一晚，味道就会变得比较甜。如果要马上用的话，洋葱的甜味还没出来，所以也可以加一点番茄酱或砂糖。我建议一次多做一点，放在密封袋里冷冻，随用随取！

3 面粉和咖喱粉按照大概1:1的比例混匀。

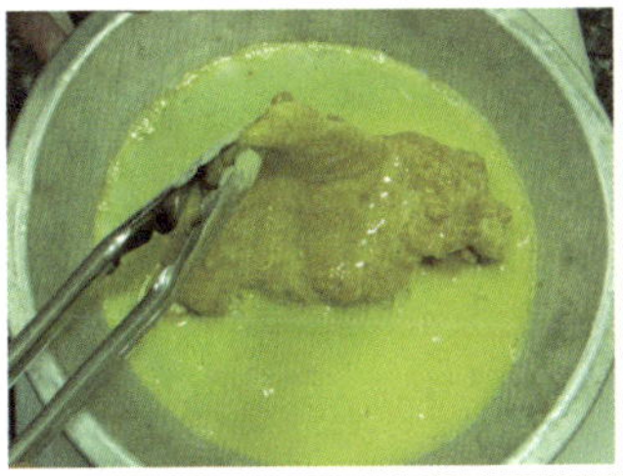

4 鸡腿肉上先撒上盐、胡椒粉，再沾上咖喱面粉，轻轻拍掉过多的粉。

*按照面粉、鸡蛋液、面包粉的顺序，拿湿的料用夹子，拿干的料就用手。如果肉上沾太多面粉，油炸时，面衣容易掉。

5 用夹子辅助沾上鸡蛋液，并让多余的鸡蛋液滴下。

6 放在面包粉里，把肉全部盖起来，压一下让面包粉粘在肉上。

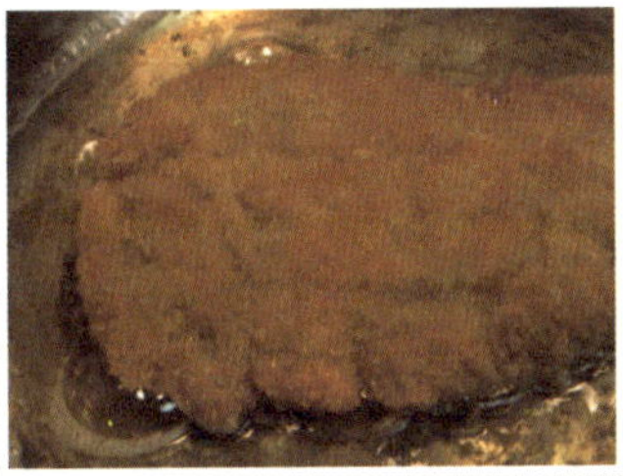

7 平底锅里加2cm左右的色拉油，预热至约170℃，放入鸡腿肉，用小火炸到变成金黄色。

*如何确定油温？加入一点面包粉，沉到油里后又浮起来，表示油温为170～180℃，沉到锅底慢慢浮起来油温为150～160℃，不沉，表面马上出现泡泡油温为190℃以上。

8 翻面，继续用小火炸2～3分钟。

*为什么油这么少？因为我平常很少做油炸食物，所以每次多用新鲜的油。用完一次就丢掉，不再用重复使用的油，我觉得这样对身体比较好！

我自己也不太清楚日本料理的范围限定，总之，日本料理不止是寿司和天妇罗。因为日本人改良过许多西式料理，将其变成日式的洋食料理，如汉堡肉、蛋包饭、可乐饼等。这次介绍的是用日本料理的炸猪排制作方法，换成用鸡肉制作，加入西式的口味、装盘法，看看会变成怎么样！

9 拿出来放在纸巾上吸收油分。

10 在炸好的鸡腿肉上面放一点起司，放入烤箱，以上火200℃烤到起司变成金黄色，取出。盘子上面先铺上茄汁酱，再放上切好的鸡腿肉。

Home made Sukiyaki

“给料日”晚上的必须料理——寿喜烧

4人份

材料

板豆腐 firm tofu——1盒
魔芋丝 konyaku(noodles)——200g
香菇 shitake mushrooms——4朵
金针菇 enoki mushrooms——2包
葱 green onions——3~4根
小白菜 sue choy——1/2个
牛小排（薄片）sliced beef ribs——400~500g
洋葱 onion——1个
酱油 soy sauce——4大匙
白砂糖 sugar——3大匙
清酒 sake——4大匙

“给料日”是什么意思？就是发薪日的意思！那为什么一定要吃寿喜烧呢？小时候我记得妈妈说过，因为只有手上有很多现金时才可以去买很好的肉，然后，才可以做这个火锅吃。她开玩笑而已吧！（。_。；）有一次我去超市，买了一包牛小排（薄片），还没用完。来！一起享受冬天非常适合的火锅料理、冬天“给料日”的晚上必须的料理——寿喜烧。

做法

1 要做烧豆腐，因为我家附近买不到烧豆腐，只好自己做：豆腐切成四方形，放在纸巾上。吸收水分后，用不粘锅煎（不用加油）。

2 将魔芋丝放进煮沸的水里煮2～3分钟后，捞出泡水。

＊它有石灰物质（无害），煮一下把它洗掉，因为石灰会使肉变硬!

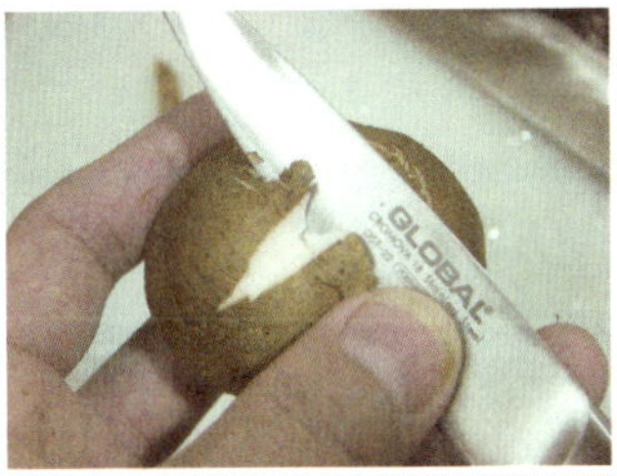

3 香菇划十字（装饰）。

4 金针菇，连包装一起切掉根部，直接用流水洗一下。

＊其实大部分的菇类不需要用水洗，工厂生产时就已经处理干净了。

5 切其他的蔬菜，装盘。

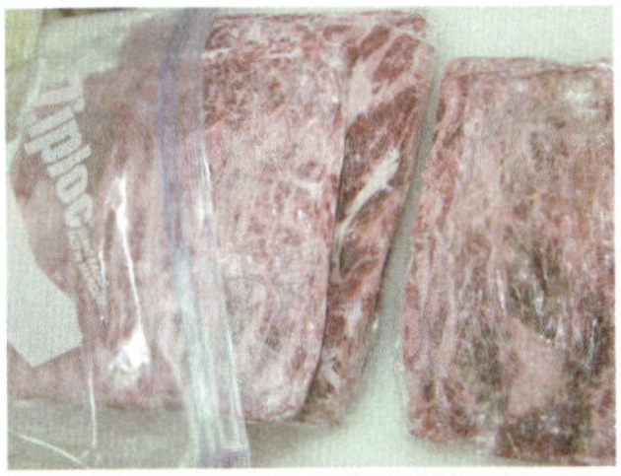

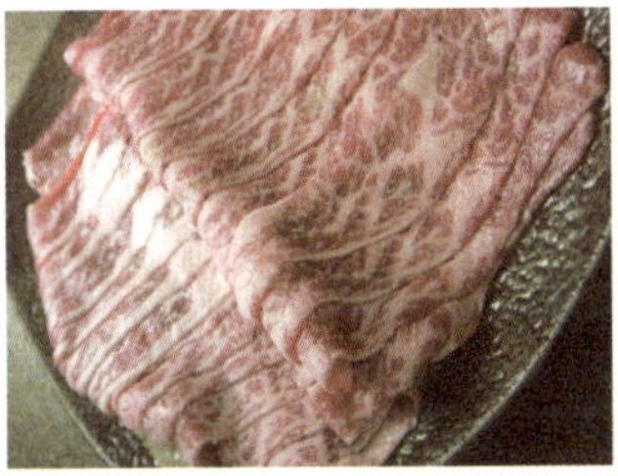

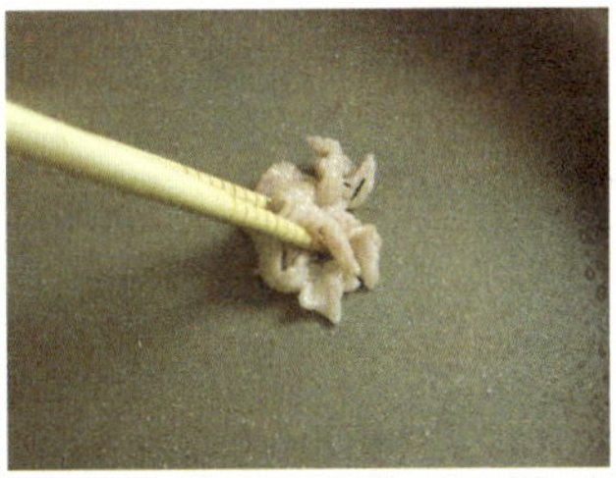

6 上次买的牛肉，将各层分开包起来，放在密封袋里，这样腐烂的速度会比较慢。

7 取出需要的牛肉分量，在室温中解冻后，装在盘子里。

8 先将牛肉的脂肪熔化。

＊炒东西时，最好不用色拉油，用牛肉脂肪比较香！

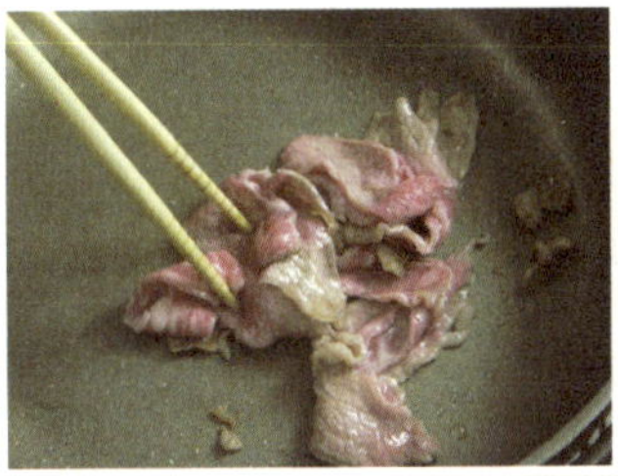

9 加一点牛肉炒，加入洋葱，炒到洋葱变成透明状。

＊这些步骤是做寿喜烧酱，所以不需要加很多肉。

10 加入白砂糖、酱油、清酒。

＊步骤有很多种，这次做的比较偏关西风味，先烧肉再加入其他材料。关东风味则是先做酱再加入材料煮（水分比较多）。两种步骤都不错。先加白砂糖（调至你喜欢的甜度），再加酱油，最后加清酒（清酒比酱油少一点）。

11 加入其他材料。一开始会比较干，等菜的水分出来后则刚好。如果还是太干，加一点水。

＊怎么吃？这道料理甜咸适中，蘸搅拌好的鸡蛋液再吃就刚刚好！这道料理每个人做都有不一样的味道，你可以调整成自己喜欢的味道。不够咸可以加酱油，不够甜加白砂糖，太干则加水。记住，寿喜烧不是火锅，不需太多水，汤底稍咸才正常。

Spicy miso marinated chicken

日式定食屋风！辣味噌炒鸡肉和丰富野菜

1人份

材料

洋葱 onion——1/8个
胡萝卜 carrot——20g
青椒 green pepper——1/2个
香菇 shitake mushroom——1朵
卷心菜（切丝） cabbage——2片
鸡腿肉 chicken thigh——1支
色拉油 salad oil——适量

［腌酱］
酱油 soy sauce——1小匙
味噌 miso——1/4大匙
味霖 mirin——2小匙
清酒 sake——1大匙
豆瓣酱 chili Bean Sauce——1/4大匙
蒜（泥） garlic paste——1/2小匙
姜（泥） ginger paste——1/2小匙

中午你最想吃什么呢？你去过日式定食屋吗？在台湾也有几家，看起来都很好吃，但我家附近没有……（T_T）那么我就自己来做吧！将腌好的鸡肉和多种蔬菜一起炒，再加上中华料理的调味料豆瓣酱、味噌与一些日式调味料，配米饭很适合哦！

做法

1 将所有蔬菜切成容易入口的大小。

2 混合“腌酱”的材料。

3 鸡肉切小块，放入腌酱中腌5～6分钟。

＊鸡肉切得太大的话，还没炒热时就黑掉了。

4 锅里加一点色拉油，放入蔬菜（洋葱、香菇和胡萝卜），用大火炒到洋葱变透明。

＊绿色蔬菜（青椒）还没加入!

5 炒好后盛在盘子里。

＊为什么没有将肉和菜一起炒？因为炒肉的时候不需太多水分。如果与菜一起炒，菜的水分出来，就没有酱油的焦香味。

6 再加一点色拉油，放入步骤3的鸡肉继续炒。

＊小心！由于是腌过的，容易炒焦。稍微焦一点没关系，只是不要太焦!
如果肉还没熟，可盖上锅盖，用小火继续煎。

7 等肉差不多熟了，再加入步骤5的蔬菜。

8 最后加入青椒，翻炒均匀，装盘，旁边摆上卷心菜丝即可。

＊绿色蔬菜（青椒）太早加入容易变色。

Beef steak with Oriental onion sauce

牛排和日式洋葱酱

2人份

材料

洋葱 onion——1/2个
蒜 garlic——1瓣
清酒 sake——3大匙
酱油 soy sauce——3大匙
味霖 mirin——3大匙
水 water——3大匙
牛排 beef ribs——4片
盐 salt——少许
胡椒粉 pepper——少许
奶油 butter——2小匙
四季豆（焯过）green beans——6~8根
蘑菇（炒过）mushrooms——5~6个

大家新年快乐！其实，我觉得在台湾还没有过年的气氛……因为大家是过农历新年，农历新年还没来……没关系！反正大家要吃好一点的东西。这次做一种很特别的日式牛排酱。用洋葱的甜味、酱油的香味、奶油的醇香味，制成这款非常简单好吃的酱！当然，也可以将牛排换成猪排哦！

做法

1 蒜、洋葱切小块，放到果汁机里，加入一点清酒，打成泥。

＊确认已打的很细，否则煮的时候味道不好出来。本来用磨泥器弄，但是很累……所以，就让我们用高科技来解决吧！

2 倒在锅里，开始煮。

3 煮开后，洋葱会变成透明状。

＊味道一开始很强，后来甜味会慢慢出来。

4 加入酱油、味霖与水继续煮。

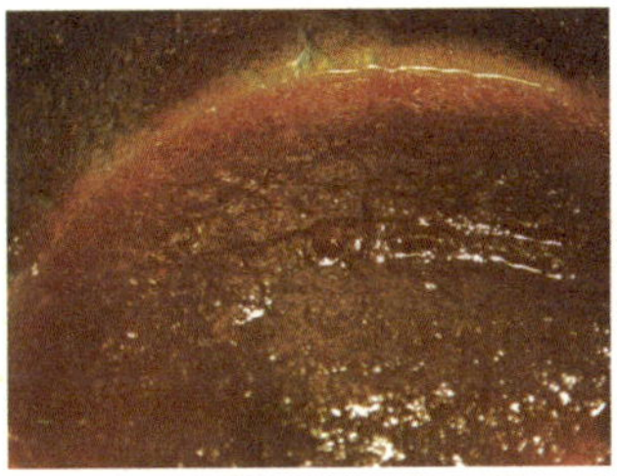

5 洋葱酱变成这样子时，表明差不多了。

＊洋葱酱煮的越久越甜，如果太干，可以再加一点水。

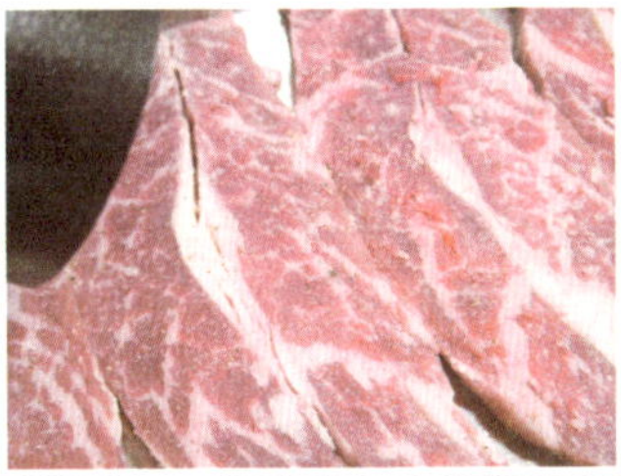

6 牛肉下锅之前，先撒点盐、胡椒粉腌一下。

＊不要太早撒盐！牛肉会出水，没有肉汁就不好吃了。（—　；）

7 锅加热，看到有一点冒烟，才把肉放进去，等到肉有焦色后再翻面。

＊不要一直翻面，两面各煎一次就够了。记住！你现在要把肉汁锁住。煎的时间要看肉的厚度，再煎成你喜欢的熟度。

8 肉翻过来煎一下后，加一点奶油和步骤5的洋葱酱。

＊图片中，我是先加入奶油和洋葱酱。因为肉很薄，翻面后几秒钟就离锅，所以早一点加进去。

＊这次的步骤不是分开煎肉，是另外做酱，待肉装盘的时候淋上去。让洋葱酱的味道和肉混合。

9 摇一下锅，让酱油平均散开后，熄火，将肉装盘。锅里剩下的酱，如果太干，加一点清酒或水加热，再淋上去。盘中摆入事先焯好的四季豆和炒过的蘑菇。

＊小心，洋葱酱里含有糖分，加入奶油后，温度会提高，很容易烧焦。

＊强调一下，如果太干，再加一点水。

Cheese Hamburg steak with rosemary mashed potato

起司汉堡肉和迷迭香土豆泥

2人份

材料

土豆 potato——1~2个
盐 salt——少许
胡椒粉 pepper——少许
奶油 butter——少许
汉堡肉 hamburg steak——2片
*步骤参见P.58日式金针菇酱汉堡肉
迷迭香 rosemary——少许
比萨起司 pizza cheese——60g

[汉堡酱]
蒜（切碎）chopped garlic——1/2瓣
洋葱（切碎）chopped onion——1/8个
番茄（切碎）chopped tomato——1个
红酒 red wine——2~3大匙
水 water——适量
番茄酱 ketchup——2大匙
猪排酱 tonkatsu sauce——1大匙

我家的迷迭香看起来功能很强、闻着很香，看到它就开始想要用这个来做些什么。今天我已经决定要吃汉堡肉，但是配菜还不知道用什么，那么就用土豆泥加入迷迭香吧！

做法

1 土豆削皮，切成小块后，放进锅中煮熟。
*土豆本来可以带皮整个煮熟后再去掉皮，但这样会浪费很多时间和煤气。

2 水倒掉，土豆用汤匙压碎，加入奶油、盐、胡椒粉调味。再放入迷迭香。

＊加一点红薯或南瓜，既好看，又好吃！

3 用两个汤匙把土豆泥滚成橄榄球形。

＊做好这个形状后再放入烤箱烤也可以。

4 锅中加入蒜、洋葱、番茄炒过后，加入红酒。让酒精蒸发后，加水，继续煮到洋葱变软。

5 加入番茄酱和猪排酱。

＊如果太干再加些水。

6 将准备好的汉堡肉，先用大火两面煎好，锁住肉汁，盖上锅盖，再用小火继续煎。

7 看到透明的肉汁溢出来后，熄火。

8 将比萨起司放在汉堡肉上面。

＊将切薄片的番茄，洋葱，放在起司下面也好吃。用四方形的起司片也可以。

9 放进已预热好的烤箱（上火200℃），上火起司熔化，取出，放上迷迭香即可。

＊肉已经熟了，起司烤一下就好了。

Baked Tonkatsu/ breaded pork loin

健康！ 幸福！ 无油炸猪排

1人份

材料

猪里脊 pork loin or tender loin——4片
面包粉 breadcrumbs——1/2杯
面粉 flour——3大匙
鲣鱼粉 bonito ponwer——少许（不加也可以）
白萝卜泥 daikon——适量
葱花 chopped green onion——少许
海苔丝 shredded nori——少许
水 water——5大匙

[柚子醋]
酱油 soy sauce——1大匙
白醋 vinegar——1大匙
味霖 mirin——1大匙
酸橙或柠檬汁——1/2小匙
lime or lemon juice

我很爱吃炸猪排，台湾现在有很多炸猪排的专卖店，每家都很好吃。我觉得台湾的黑猪肉很好吃！但是，大家应该都知道，炸猪排的热量很高，经常吃的话，会影响身体健康。但一个月吃个几次，应该没有关系吧！炸猪排本来是属于炸制料理，皮脆酥，里面肉汁很多。但不炸就不能做了吗？这次我要给很认真减肥的朋友们一个好建议！来！一起做做看！

做法

1 面包粉直接放入锅里，无需放油，用中火烤到呈金黄色。

*注意！它开始变色的时候要稍微拌一拌。注意看，不然，很快就变黑了！

2 把猪里脊旁边的筋（白色脂肪跟红色肉中间）切掉，预防弯曲。

3 面粉加水、鲣鱼粉做成面糊（鲣鱼粉加不加都可以）。

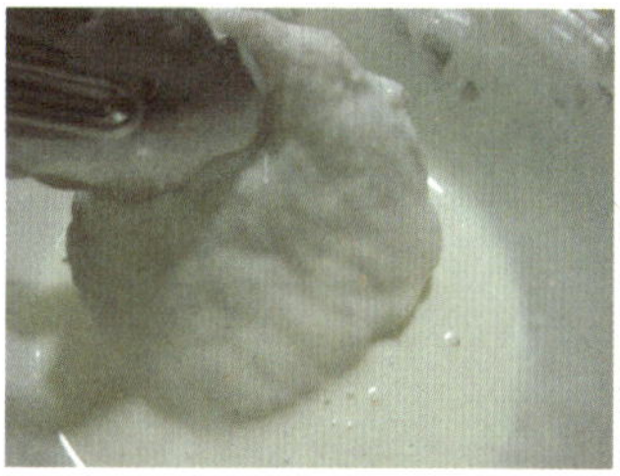

4 把猪里脊两面均匀沾上面糊。

*这次我很认真做低热料理，所以没有用鸡蛋！当然也可用普通的方法（面粉、鸡蛋液、面包粉）做面衣。

*不要让它带太多面糊，烤的时候面衣会慢慢掉下来。

5 放入炒好的面包粉里，稍微压一下，确认已粘好。

6 将烤箱预热，放进步骤5的猪排，以200℃烤10～12分钟。

7 将柚子醋的材料混合好。猪排取出后摆盘，放上白萝卜泥、葱花，再淋上柚子醋，撒上海苔丝。

*这次做的是柚子醋白萝卜泥猪排。如果不习惯酸酸的口味，直接蘸猪排酱吃也可以，只要你开心就好了！

Chicken & Japanese yam Hamburg steak

软绵绵山药鸡肉汉堡丸

2人份（4片）

材料

鸡绞肉 ground chicken——200g
山药（泥） chinese yam——60g
鸡蛋 egg——1/2个
淀粉 potato starch——1小匙
面包粉 bread crumbs——2大匙
酱油 soy sauce——1大匙
味霖 mirin——1大匙
姜末 ginger paste——1/2小匙
葱花 chopped green onion——2大匙
盐 salt——少许

[鸡肉汉堡丸酱]
高汤 fish broth——3大匙（水+鲣鱼粉1/4小匙也可以）
清酒 sake——2大匙
味霖 mirin——1大匙
酱油 soy sauce——2大匙
蜂蜜 honey——1小匙

串烧的招牌菜里面一定有一种用鸡绞肉做的鸡肉丸，原本的形状是做成棒状或丸子，串在竹签上烤。后来衍生出许多不同的步骤，每家店都有不一样的菜单。这次来介绍如何将鸡绞肉做成迷你汉堡肉，我特别加了山药，使口感变得非常松软！鸡绞肉与山药都含有很多水分，不好成型，没关系！我来示范给大家看！

做法

1 鸡绞肉加入盐搅拌好，再放入山药泥、葱花与其他材料。

2 用汤匙搅拌好。

＊因为山药的关系，它的水分非常多，这样才会有松软轻柔的口感！

3 这种水水的样子，如何做成汉堡肉的形状呢？（一_一;）有了！解决的方法就是，用汤匙挖出来！

4 慢慢倒在平底锅上。

＊它很软，一次倒进锅里，不要马上翻动！

5 用中火煎到呈金黄色后再翻面。

6 盖好锅盖，用小火继续煎5～6分钟。

7 煎好了，加入已经调好的鸡肉汉堡丸酱。

8 再用大火继续煮，用汤匙将酱汁淋在肉上面。等酱汁稍微变浓稠，熄火，装盘。上面放葱花、白芝麻！

Gourmet chicken Teriyaki

国际化的日本料理——照烧鸡肉

1人份

材料

鸡腿肉 chicken thigh——1块
色拉油 salad oil——少许
洋葱（切丝）onion——1/8个

［腌酱］
酱油 soy sauce——2大匙
味霖 mirin——1~2大匙
*甜味可随你的喜好自行调整。
清酒 sake——2大匙

“照烧”的日语发音是Teriyaki，外国人很爱这种口味。其实他们做的Teriyaki与日本的不太一样，有的很甜、很黏，但他们很喜欢！（一_一;）没关系！只要他们喜欢就好了。我也常做照烧鸡肉，但日本人做的照烧没那么甜。（￣一￣）

做法

1 将鸡腿肉厚的部分切开，把一整块切成均等的厚度后，再切断筋。

2 调好腌酱。

3 把肉放入腌酱中，腌约10分钟。

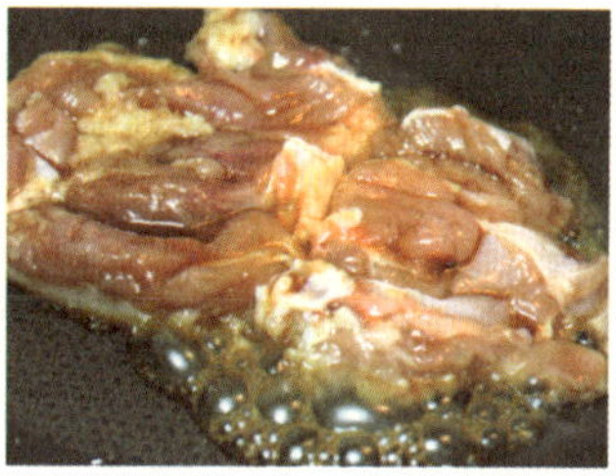

4 锅里加入一点色拉油，开大火，鸡皮朝下放进锅中，煎至微焦。

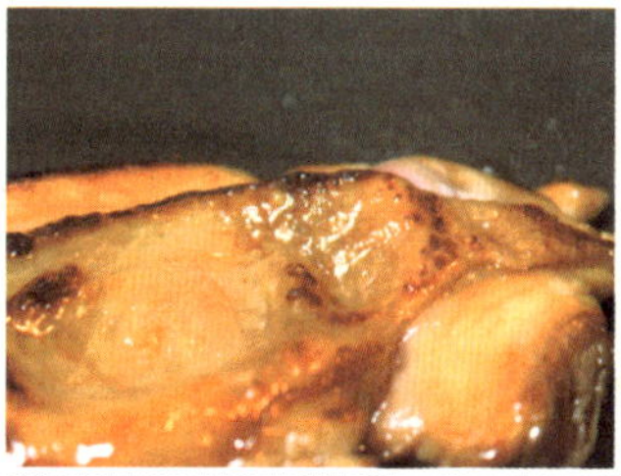

5 皮煎好后，翻面。

＊因为它叫照“烧”，表面要烧一下才有香味！所以耐心等它焦一点，不要一直翻面。

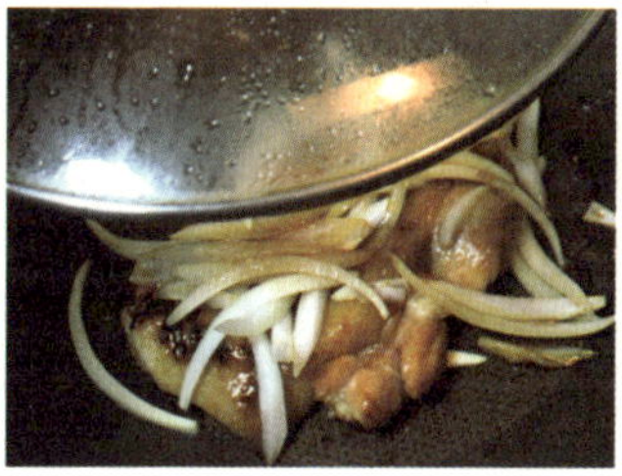

6 放入洋葱，盖上锅盖，用小火继续煎5～6分钟。

＊盖上锅盖时，看起来很干，不用担心！用小火煮一下，肉汁就会出来！

7 煮出肉与洋葱的水分后，再看看肉是否已熟透。

＊肉里面没有呈现粉红色时，就表示已经熟了！

8 加入调好的腌酱，开大火，煮至浓稠。用汤匙舀起酱，淋在肉上面后再熄火，装盘。

小贴士

照烧酱是大家都知道的一种酱。每个国家的厨师做的方式、比例与材料都不一样。重点是，看你喜欢什么样的口味，煮酱时自己做调整，不够咸？加一点酱油；不够甜？再加味霖；太咸？再加清酒。做你自己喜欢的照烧酱，厨房你最大！/ (>◇<) /

Succulent Beef croquette

酥酥软软 牛绞肉 可乐饼

4人份

材料

洋葱 onion——1/4个
面包粉 bread crumbs——30g
牛奶 milk——60mL
牛绞肉（或猪绞肉）——400g
ground beef（or Ground pork）
鸡蛋 egg——1个
盐 salt——少许
胡椒粉 pepper——少许
猪排酱或牛排酱——适量
tonkatsu sauce or HP steak sauce
卷心菜（切丝）cabbage——1/2个（配菜）
色拉油 salad oil——适量

［沾粉］
面粉 flour——适量
鸡蛋 egg——1~2个
面包粉 bread crumbs——适量

冰箱里有用牛绞肉做成的汉堡肉，还有看起来已经放了好几天的面包，也要处理一下吧……所以这次就来做可乐饼好了！步骤不会复杂，也不需要很多油去炸，还有已公开了的可做成脆脆酥酥面衣的秘诀！一起看看吧！

做法

1 洋葱切末，炒到透明后放凉。
＊炒久一点可以把洋葱的甜味炒出来。

2 冷藏室里有几片面包，放在果汁机里打碎，制成面包粉。

＊日文“生パン粉”，指的是“生的面包粉”。当然你也可以用现成的面包粉。这次我是直接放入果汁机中打碎，你可以先让它变干再打。

3 面包粉里加入牛奶。等到面包完全吸收水分。

＊加了牛奶的面包粉在肉熟以后会出很多汁！

4 冷冻室里剩下的牛肉片，用刀剁碎。

＊如果牛肉很多，处理时会觉得累的话，可用食物处理器绞碎。

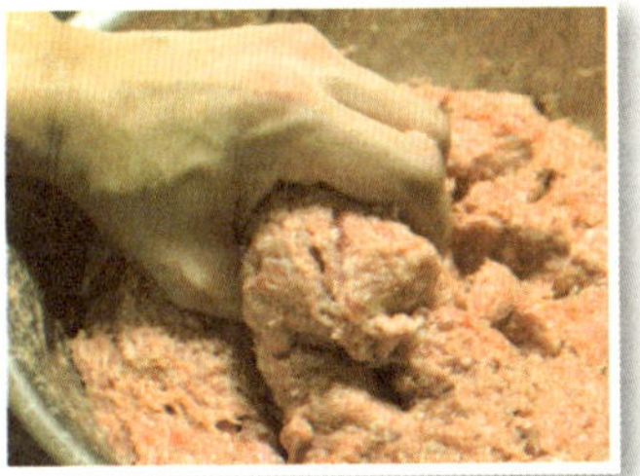

5 先加牛绞肉分量1%的盐（400g肉加4g盐），用手搅拌到变黏。

＊这个步骤很重要！先加入盐与肉混匀，让盐跟肉里面的蛋白质充分结合，这样子才会变黏，吃起来才有松软的口感。

6 再加入步骤1的洋葱、步骤3的牛奶面包粉、鸡蛋液、盐、胡椒粉，搅拌均匀。

7 做成圆形的馅料之前，先平均分好，以后家人要吃的时候才不会吵架！（*¯＿¯*）

＊我分成4份，结果做的很大，而且有一点难处理。所以分为5份也可以。

8 手上涂色拉油，将馅料做成球形，再慢慢压扁。

＊到这里，步骤与汉堡肉一样。

9 但这次我要做可乐饼，所以需要沾粉！先沾面粉，然后拍打去掉多余的面粉。

10 再放入鸡蛋液里，让它洗个战斗澡。

＊确认蛋液已覆盖到肉的表面。

11 取出后再放进面包粉里，沾上面包粉。

12 还没好哦！再放回鸡蛋液里，沾上鸡蛋液，接着再沾一层面包粉。用手将形状调整好。

*为什么要重复？万一肉破开，肉汁会跑出来，沾两层可以锁住肉汁，而且表面会脆脆酥酥的！如果肉片像图片里的那么大，会不好处理，所以我真的建议做小一点！

13 油炸时使用平底锅，加入约1cm的色拉油，开小火热油。先放入一点面包粉试油温，等面包粉沉到中间再浮起时来表示温度合适，将绞肉饼慢慢放入，一面炸到呈金黄色再翻面。

*从油温低一点开始炸也可以，慢慢升高温度，这样才不会炸焦。

14 另一面同样以小火继续炸。炸好之后，放在纸巾上面吸掉油分。装盘，淋上猪排酱或牛排酱，佐卷心菜丝食用。

rry flavored Seafood Bruschetta / Sake steamed salmon in tinfoil bag / Snapper Oriental-
yle Carpaccio / Sauteed salmon with Shitake mushroom sauce / Baked prawns with cream
eese / Diced cut black cod with fresh tomato soy sauce / French bread with prawn & cream
eese / Provencal style sauteed Mackerel with tomato sauce / Baked soy sauce marinated salmon
Deep fried white meat fish with sour sauce / Black cod steak with curry flavored tartar sauce
Nanban marinated shishamo fish / Crispy rice paper pizza with seafood toppings / Baked
sh filet / Soy sauce stewed black cod / Potato salad wrapped with smoked salmon & snapper

Curry flavored Seafood Bruschetta

快速香烤海鲜咖喱烤面包片

1人份（2片）

材料

综合海鲜（冷冻）mixed seafood（frozen）——80~100g
蒜（切末）garlic——1/4瓣
橄榄油 olive oil——少许
咖喱粉 curry powder——1小匙
牛奶 milk——3大匙
鲜奶油 whipping cream——2大匙
盐 salt——少许
胡椒粉 pepper——少许
法国面包 french bread——2片（5~6cm）
比萨起司 pizza cheese——50g
新鲜香草（切末）fresh herbs——少许（不加也可以）

最近天气比较暖和，早上起床变得不像以前那么痛苦了。早一点起床，做简单、好吃的东西，吃得饱饱的再去上班（课）吧！这是一道利用冷冻的综合海鲜制作的料理，虽然不像新鲜的海鲜那么香，但很方便。可直接加入到浓汤里，也可以炒，或做成沙拉。由于是熟食，只要解冻、加热、调味就可以！这次做的是咖喱口味。有的人（像我）刚起床时，还没有什么食欲，但是，只要闻到这个咖喱和奶酪一起烤的香味，就来了食欲！

做法

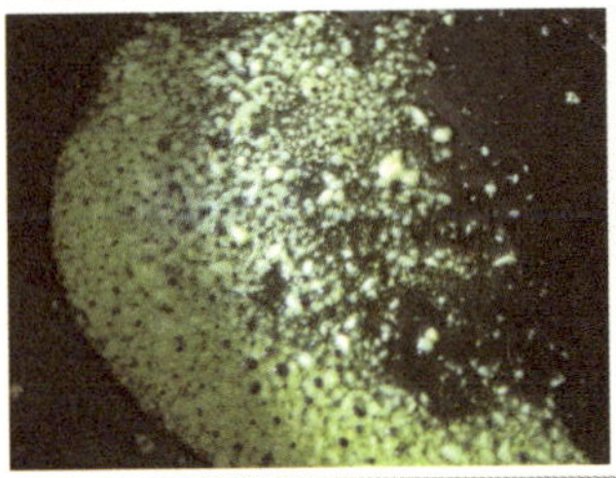

1 橄榄油和蒜末放入锅里，开中火，慢慢炒出香味。

＊凉的橄榄油里面加入蒜末，再开火慢慢升高温度，蒜末才不会焦。

2 综合海鲜先解冻，再放入锅里炒一下。

＊参考包装上建议的解冻方法。

3 加入咖喱粉拌炒。

＊确认咖喱粉已均匀散开。

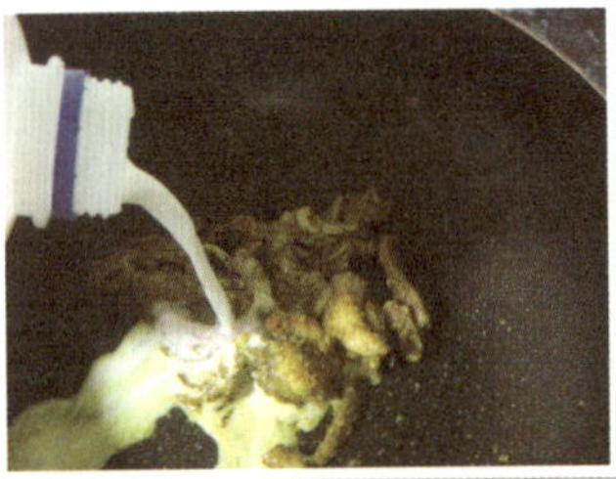

4 再加入牛奶和鲜奶油，略煮一下，再加入盐、胡椒粉调味。

＊这种综合海鲜本身已经熟了，不需要煮很久。

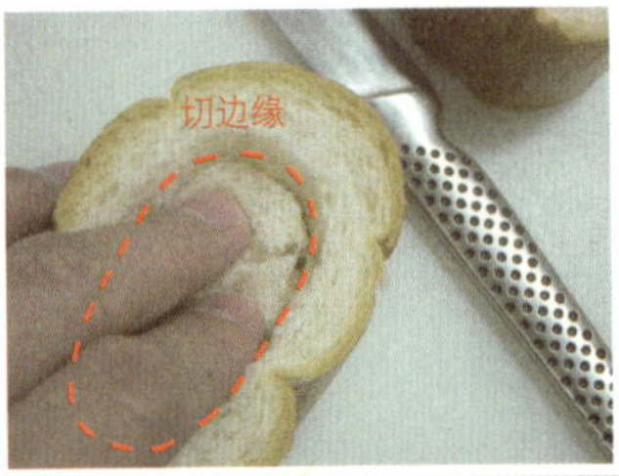

5 法国面包切成5～6cm厚的片。用小刀在中间切一圈（不要切到底）把中间的地方压下去。

＊如果没有法国面包，可以用普通的吐司面包，中间用小一点的杯子或碟子压下去呈凹坑状。

6 将步骤4的综合海鲜放入面包中间的凹坑里。

7 撒上比萨起司，放进烤箱，以200℃烤到起司开始变色，取出撒上新鲜香草末即可。

Sake steamed salmon in tinfoil bag

清酒蒸鲑鱼宝袋

1 人份

材料

鲑鱼 salmon——1片
洋葱 onion——1/8个
香菇——1朵
shitake mushrooms
奶油 butter——2小匙
清酒 sake——1大匙
酱油 soy sauce——2小匙
柠檬 lemon——适量
欧芹（切碎）parsley——少许
盐 salt——少许
胡椒粉 pepper——少许

这次利用锡箔纸来做一道适合减肥的人食用的料理。不需要很多油，味道也不会很重，而且超简单，不用锅，不用盘子，还不用洗很多餐具，只要知道这种步骤，就可以延伸出更多种步骤。综合海鲜、素菜，都很好！在外出野餐烧烤时，可以事先做好，到时放在网子上烤一烤就可以享用了！

1 在锡箔纸上涂一点奶油，预防黏焦。

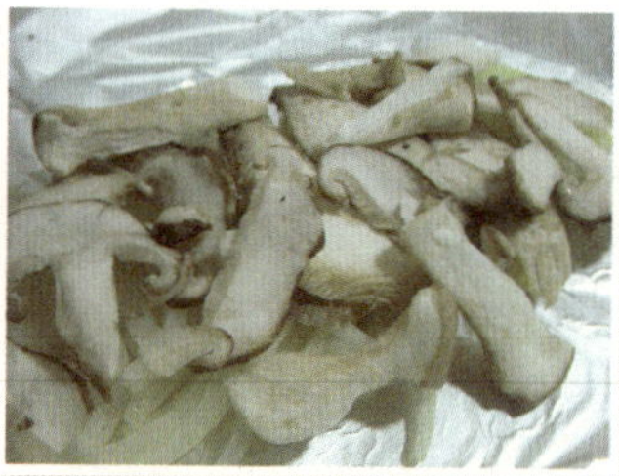

2 洋葱、香菇切片，放在锡箔纸上。

＊可加入绿色蔬菜，如芦笋、四季豆。

3 鲑鱼上撒少许盐和胡椒粉，放在步骤2上，最后再放上奶油。

＊可以再放多一点奶油，比较香。

4 将锡箔纸折好，上面留一个孔。往锡箔纸里倒入清酒后封好。

5 放进烤箱，以200℃烤10～15分钟。打开锡箔纸，淋上酱油，放上柠檬片、欧芹碎。

＊如果没有烤箱的话，包裹好之后，可放在锅里盖上锅盖以小火蒸。以上食材，可以自己斟酌添加。加入起司、咖喱粉、味噌、泡菜都很好吃！

Snapper Oriental-style
Carpaccio

低热鲷鱼生片

1人份

材料

鲷鱼 snapper——50g
蛋黄酱：清酒(比例为3:1)——适量
mayonnaise:sake = 3:1
海苔丝 shredded seaweed——适量

[A]
洋葱（切丁）——30g
diced onion
番茄（切丁）——30g
diced tomato
香菜 cilantro——10g
[B]
日式柴鱼酱油——2大匙
soba tsuyu
香油 sesame oil——1小匙
白醋 vinegar——1小匙
白砂糖 sugar——1小匙

你吃过生牛肉片吗？它原本是意式前菜，用生牛肉打薄片淋橄榄油酱吃的。后来，在日本流行，很多餐厅开始卖这道菜，现在有很多种口味。当然也有一些创意的步骤。这次就来做带一点日式口味的生片吧！

1 确认您买的是可以生吃的鲷鱼。虽然外面有卖新鲜的海鲜，但是，请再次确认这种鱼是否可以生吃！

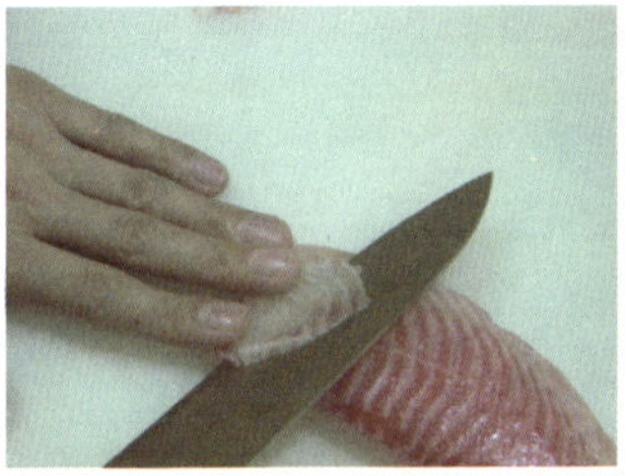

2 鲷鱼切薄片。
＊切鱼的时候，往纤维逆纹切，口感会比较好。参考下面。

3 将材料 A 与材料 B 混合在一起，淋在鱼上面。

4 蛋黄酱和清酒混合后，放在塑料袋中，切开一角，挤在鱼上面。最后在上面撒海苔丝。
＊不加清酒也可以！

MASA的简单料理讲座

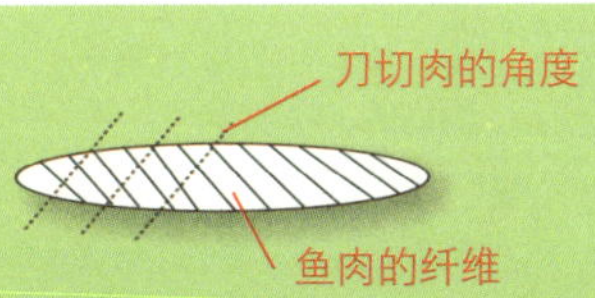

Q：生鱼片怎么切？
A：顺着鱼肉的纤维逆纹切。

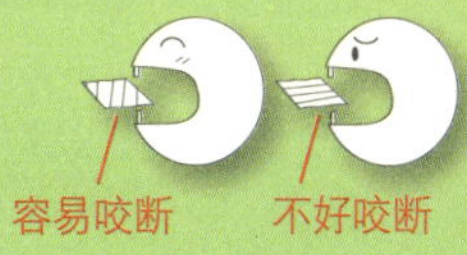

Q：为什么，口感比较好吗？
A：咀嚼的时候容易咬断。

Sauteed salmon with Shitake mushroom Sauce

快速干净好吃
煎鲑鱼香菇酱

1 人份

材料

鲑鱼 salmon——1片
色拉油 salad oil——适量
蒜（切薄片）sliced garlic——1~2瓣
香菇（切丝）shitake mushroom——1朵
绿色蔬菜 green vegetable——适量
奶油 butter——1小匙
酱油 soy sauce——1大匙
味霖 mirin——1大匙
清酒 sake——2大匙
盐 salt——少许
胡椒粉 pepper——少许

最近每天都很冷……冷得让我不情愿从被窝里爬出来。每年冬天我都会想，台湾是南方之岛，比冲绳还靠近南部，怎么还会这么冷？应该是湿度的关系。前几年冬天，我去过垦丁，那里非常舒服，好想再去玩。但肚子饿了，时间不多，又不想太麻烦地洗一大堆厨具，那么就来介绍一种很简单的午餐料理，它既快，又干净，还好吃！

做法

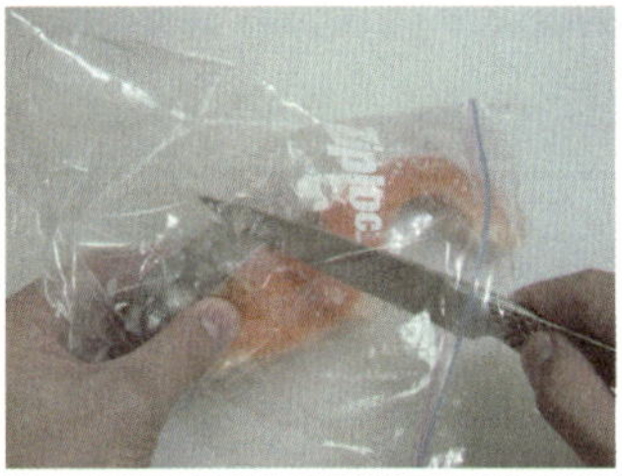

1 鲑鱼放在透明的袋子里，从外面拿好鲑鱼，用刀子刮掉鱼鳞。

*很多人不喜欢直接摸黏黏的鱼，因为鱼鳞会跳来跳去，还会跳到很多地方，有时候还会溅到你的脸上。用这种方法，不用直接摸鱼，也可以刮掉鱼鳞。

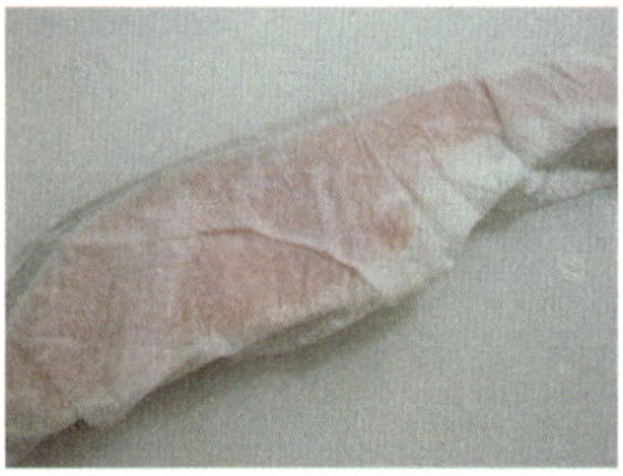

2 鲑鱼洗好后，用纸巾包起来，吸干水分。

3 锅里加一点色拉油，放入蒜片炸至金黄色后，捞出蒜片。留一半的色拉油。

*蒜片的香味溶在油里，利用它的香味煎鲑鱼!

4 开始煎鲑鱼，皮也要煎到。倾斜锅，让皮贴在锅的侧面。

*皮有腥味，要煎好。而且，鱼皮煎得脆脆的很好吃。

5 鲑鱼旁边放一点奶油，加入香菇炒一下。

6 将酱油、味霖、清酒混合均匀，加到锅中，煮到让酱汁没过鲑鱼全身。鲑鱼先装盘，撒上盐、胡椒粉，稍煮一下后淋在鲑鱼上，蒜片放在最上面。

7 准备一个炒锅，加热，加点奶油，熔化后再放入绿色蔬菜炒一下，加盐调味，装盘。

Baked prawns with cream cheese

南法风酥烤香草虾

2人份

材料

鲜虾 prawns——6只
起司 cream cheese——60g
百里香（切碎） thyme——少许
面包粉 bread crumbs——6大匙
香菜（切碎）chopped parsley——1/2小匙
蒜（切碎） chopped garlic——1/2小匙
橄榄油 olive oil——1大匙

[鸡尾酱]
番茄酱 ketchup——3大匙
猪排酱或牛排酱（HP）——1大匙
tonkatsu sauce or steak sauce
黄芥末 mustard——1/2小匙
辣椒酱 tabasco——1/4小匙（可以多加一点）
红酒 red wine——1大匙
柠檬汁 lemon juice——1大匙
蒜（切碎）——2小匙（不加也可以）
chopped garlic

这次我把冰箱冷冻室里保存的鲜虾拿出来做南法风料理。南法风料理是什么样呢？那里的特产有橄榄油、蒜与番茄。只要料理名称叫普罗旺斯，就是南法风。这次就来做烤虾。中间加入新鲜的香草起司，上面是酥酥的南法式面包皮，下面铺一层和鲜虾很速配的鸡尾酱，普通的鲜虾就变身为美食料理了！

做法

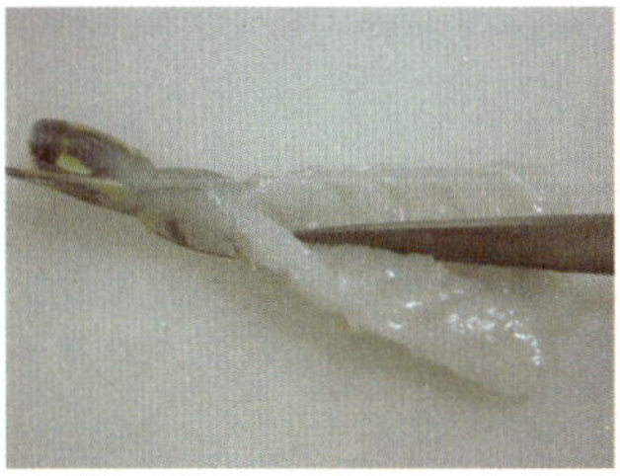

1 鲜虾从肚子切开至背部，不要切断。

2 起司放在碗里，隔温水加热至变软。

3 加百里香搅拌。

＊可以用其他的香草，干燥的也可以。

4 将起司涂在鲜虾上面。

5 将面包粉、香菜、蒜、橄榄油混合均匀。

6 这种粉很好用，可以多做一点，放在冰箱冷冻室里。只要在鸡肉、羊排或番茄上面撒一点，放进烤箱烤一下，就会很香！

7 锡箔纸上面涂一层橄榄油，放上鲜虾，并加入步骤6的粉。

8 放进烤箱，以180℃左右烤8～10分钟。

＊确认鲜虾变红，上面的面包呈金黄色。

9 “鸡尾酱”的材料混合均匀，放入盘中，再放上烤好的虾。

Diced cut black cod with fresh tomato soy sauce

小口脆煎鳕鱼和爽口圣女果酱

1人份

材料

鳕鱼 black cod——1片
面粉 flour——少许
橄榄油 olive oil——2小匙
盐 salt——少许
胡椒粉 pepper——少许
香菜 cilantro——少许
绿色蔬菜 green vegetacle——适量

[圣女果酱]

圣女果 mini tomatoes——5~6个
蒜泥 garlic paste——1/4小匙
酱油 soy sauce——1.5小匙
柠檬汁 lemon juice——1小匙

新年，我再次确认运动计划……以前我自己做过运动过程安排表，计划星期几要去健身、练什么、做多少，都写出来。因为去健身房，一定要知道，从哪里开始、怎么练，不然浪费时间又没效果。以前在加拿大时，我练了差不多9年。现在安排表用的比较少。如果要运动，我建议先计划一下，简单的运动就好。哪怕是跑步、骑自行车，大家也要稍微运动一下哦！这次我想吃高蛋白质、低热量的料理，运动以后要补充蛋白质。鳕鱼煎的脆脆的，淋上新鲜的番茄酱、橄榄油、柠檬汁和酱油，融合意大利与日式的风味！

做法

1 鳕鱼切小块。

＊因为我想要脆脆的口感，所以切成小块，四面都要煎。当然，也可以切成大片做成鱼排。用鲑鱼也不错。

2 用纸巾将鳕鱼块包起来，吸去水分。

＊鱼表面水分太多的话，沾粉时会带太多面粉，煎的时候容易掉或吸收太多油!

3 圣女果切丁放入碗中，加入其他“圣女果酱”的材料，拌一拌。

4 绿色蔬菜炒一下，加入盐和胡椒粉后，盛起保温。锅不用洗，用纸巾擦一下。

＊这次用的绿色蔬菜是菠菜，把它捆绑在一起，因为……看起来比较好玩……(*＿＿*)

5 在鳕鱼上面撒点盐、胡椒粉。

6 塑料袋里放一点面粉，再放入鱼块。保留一点空气，卷起袋口，摇一摇。确认每块鱼肉都沾到面粉。

＊这样手不会脏，也不需要很多面粉。

＊注意！鱼肉沾粉后要马上煎，不然鱼肉出水，会变得湿湿的。

7 准备好锅，加点橄榄油，开始煎鱼。确认鱼两面都煎得脆脆的且呈金黄色后，装盘。再淋上步骤3的圣女果酱，放上香菜。

French bread with prawn & cream cheese

鲜虾起司法国面包

2人份

材料

起司 gream cheese——100g
奶油 butter——1大匙
蛋黄酱 mayonnaise——2大匙
鲜虾 prawns——10只左右
蒜（切末） garlic——适量
白酒 white wine——适量
毛豆 edamame——适量
法国面包 baguette/french bread——1/2条
盐 salt——少许
胡椒粉 pepper——少许

本来我想直接用起司涂面包，上面放几片鲜虾吃，后来想到一种法国料理叫“Terrine”，是用模型装盛食材蒸，待其凝固后切薄片吃。但我没有大小合适的模型，也不想麻烦地准备蒸笼。那么就做一种把面包当成模型，连同模型可以一起吃掉的料理吧！鲜虾脆脆的口感搭配浓郁的起司，味道刚刚好。晚上通常比较轻松，就来吃一点好料吧！打开窗户，让“夏的夜风”进来，享受月夜吧！（*￣ ￣*）

做法

1 起司、奶油与蛋黄酱放在碗里，在室温下让它们变软。

＊刚开始奶油、起司很硬，不好搅拌，早一点从冰箱里取出来，趁做下一个步骤时解冻。

2 鲜虾从背部切开，取出肠泥。

3 取一点奶油放在锅里，熔化后加入蒜，炒出香味后，放入鲜虾。

4 鲜虾变色后，加入一点白酒。

5 放入已经烫好的毛豆，一起煮一会儿再熄火。倒在盘子上，冷却。

＊这次用的是毛豆，你可以选择季节性的蔬菜，芦笋、四季豆或菠菜都很好！

6 法国面包对半切开，用小刀往中间切，另一边切掉面包尾端后，同样往中间切。最后拉出来的中间部分面包“留着”，不要偷吃。^^

＊不要切太多！否则馅不够了。

7 确认步骤1的材料变软后，搅拌好。将步骤6剩下来的面包切小块或撕小片加入其中。

8 确认步骤5的蔬菜完全冷却后加入步骤7中。

＊如果还没有冷却就放进去的话，奶酪、起司、奶油都会变得太软，不好处理。

9 用刮刀拌一拌，试一下味道。也可以加点盐、胡椒粉调味。

＊鲜虾、起司本身有咸味，加盐要适量！

10 将馅料塞进面包里。

＊如果手上没有法国面包，可以用普通的吐司面包！

11 用保鲜膜包好，放在冰箱几小时，让中间的馅料凝固。

＊这种步骤是室温吃的，不要烤，馅料会熔化！凝固好，切片装盘，要吃多少再拿多少。

Provencal style sauteed Mackerel with tomato sauce

普罗旺斯风煎烤鲭鱼番茄和香料酱汁

1人份

材料

鲭鱼 mackerel——1/4片
牛蒡 burdock root——适量
茄汁酱 tomato sauce——100mL
*做法参见P.70咖喱奶酪炸鸡排和茄汁酱。
香草面包粉 herbed bread crumbs——4大匙
*做法参见P.96南法风酥烤香草虾。
盐 salt——少许
胡椒粉 pepper——少许
色拉油 salad oil——适量

[香草酱]
罗勒 basil——20g
香菜 parsley——10g
蒜 garlic——2瓣
橄榄油 olive oil——100mL

很多人觉得鲭鱼腥味太重，腐烂的速度也很快，日文说“足がはやい”，意思是走得很快，所以这种蓝皮的鱼的鲜度很重要。我建议，买回来马上用。鲭鱼营养丰富，含有DHA、EPA、钙、B族维生素D、维生素等。大家应该听说过DHA吧！它帮助脑神经组织的发育，维持脑的功能，预防记忆力衰退，对眼睛也很好。当然，外面还有卖营养品的，但还是尽量摄取天然的营养吧！

这次来看看鲭鱼的腥味怎样清除的。茄汁酱的爽酸味，丰富的香草香，再加上酥脆酥脆的牛蒡。牛蒡炸后味道很香，跟鲭鱼一起吃会遮住鲭鱼的腥味！

做法

1 将茄汁酱加热。

2 果汁机里加入“香草酱”的材料，打成泥。

*比例可自行调整，你喜欢的香料可多放一点。不加蒜也可以。

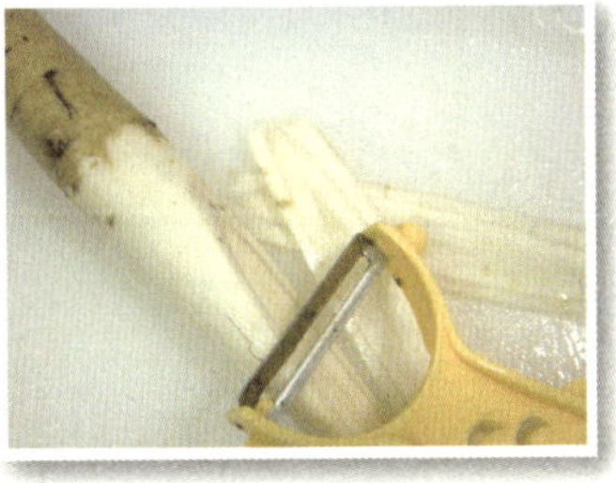

3 牛蒡洗一下后，用削刀器削皮，再削成薄片，放进水里以防止变色。

4 锅里加一点色拉油，用小火炸牛蒡片，让水分蒸发。等牛蒡开始变干（看起来变瘦的样子），再开中火，炸成金黄色。

*小心！牛蒡很容易变黑，捞出来后，颜色还会稍微变化。

5 炸好的牛蒡，放在纸巾上吸收油分，撒上一点盐。

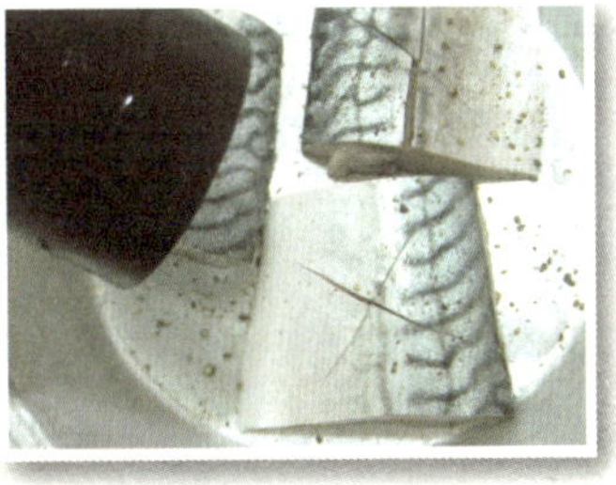

6 鲭鱼切片，鱼皮上划十字，预防鱼片卷起来，撒点盐、胡椒粉。

*如果不太习惯吃鲭鱼，可以用其他的鱼代替。大部分的白身鱼都很好吃！

7 锅里加一点色拉油，用中火将鱼肉两面煎熟。

8 鱼煎好后，上面铺满香草面包粉。放进预热至200℃的烤箱里（只开上火），烤到面包粉呈金黄色。

Baked soy sauce marinated salmon

超简单！旅馆的朝御饭风鲑鱼幽庵烧

1人份

材料

鲑鱼 salmon——1片

[幽庵腌酱]
酱油 soy sauce——3大匙
清酒 sake——3大匙
味霖 mirin——3大匙
柠檬汁 lemon juice——少许
柠檬片 lemon slice——适量

“幽庵烧”是什么？是很久以前住在日本滋贺县叫“北村佑庵”的茶人发明的，发音是yu-ann，所以有人会用“幽庵”。因为用柚子汁做，所以又叫“柚庵烧”。“幽庵烧”中的腌酱与柑橘类的香味很相配！日本有一些是腌过以后再烤的料理，另外还有一种很有名的料理叫“西京烧”，它也很香。这次我来介绍比较简单、材料也比较容易找到的料理。

做法

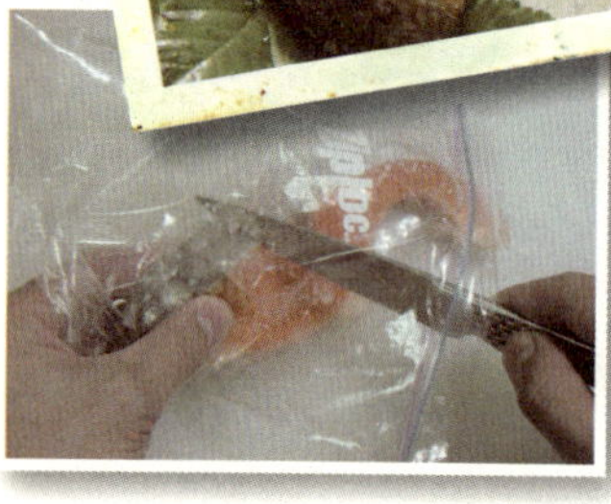

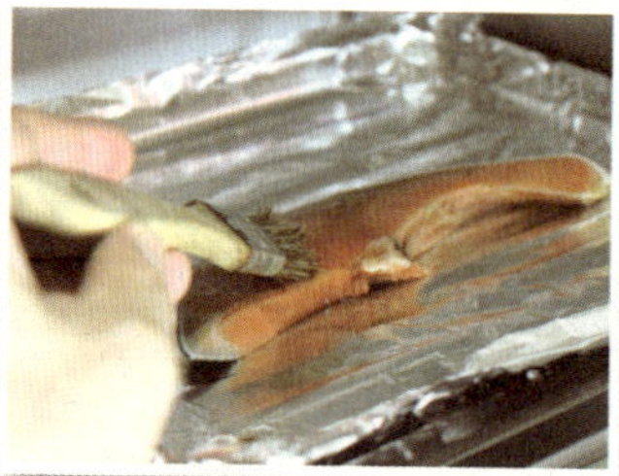

1 直接在塑料袋里刮掉鲑鱼的鱼鳞。

＊不喜欢鲑鱼的话，可以用其他鱼类（鳕鱼、鲷鱼等）代替！

2 准备一个碗，放入混合好的幽庵腌酱，再把鲑鱼放进去腌30～40分钟。

＊放几片柠檬片，可增加一点爽口的味道。腌太久会太咸，腌的时间不够无法入味。请注意酱油的咸度。

3 放进烤箱，以200℃烤到鱼熟（需10～15分钟，要看鱼的大小）。

＊烘烤时，记得用刷子涂几次腌酱。

材料

白身鱼片——4片
white meat fish filet
菇类 mushrooms——50~60g
京水菜——1把（豆苗也可以）
potherb mustard
芝麻 sesame——少许
辣椒丝——少许（不加也可以）
shredded chili
淀粉 starch——适量

［腌酱］
酱油 soy sauce——2大匙
味霖 mirin——1大匙
清酒 sake——1大匙
姜末 ginger paste——1/4小匙

Deep fried white meat fish with sour sauce

香酥白身鱼“龙田油炸”沙拉

1人份

“龙田油炸”是一种料理的步骤。与“唐扬油炸”有何区别？都是先腌后用粉类炸，但大部分人都觉得“龙田油炸”是用淀粉炸，“唐扬油炸”是用面粉或淀粉与面粉的混合粉炸。还有人会说，腌酱不一样。我觉得，我不是料理的语言学者，问我这个做什么，只要好吃就好了！把处理好的鱼腌一下后，用淀粉去炸，非常“香酥”。然后，在香酥的鱼上面盛放一些新鲜的蔬菜。炸物本来会很油腻，但是，做成的这种沙拉，口感却很清爽！

1 白身鱼片放在腌酱中腌约10分钟。

＊腌酱比例是，酱油：味霖：清酒＝2：1：1＋一点点的姜末。

2 腌好后，把白身鱼片拿出来，用纸巾擦拭一下水分后，沾上淀粉。

3 锅里多加一点油（约1cm），将鱼两面炸熟。

4 鱼炸好后，放在纸巾上吸去油分。

5 把步骤1的腌酱与菇类一起放入锅中煮。

＊这个时候先试尝一下味道，味道不够再加调味料。

6 准备一个碗，放入京水菜，再加入刚炒过的菇类拌一下，再与步骤4的鱼一起装盘，上面撒上芝麻，再放上辣椒丝。

Black cod steak with curry flavored tartar sauce

简单鳕鱼排咖喱塔塔酱

1人份

材料

鳕鱼 black cod——1片
盐 salt——少许
胡椒粉 pepper——少许
莴苣 lettuce——2~3片
圣女果 mini tomatoes——5个
洋葱（薄片）sliced Onion——适量

[塔塔酱]

鸡蛋 egg——1个
蛋黄酱 mayonnaise——80g
咖喱粉 curry powder——1/2小匙
香菜（切碎）parsley——少许
腌渍荞头（切碎）pickled shallots——2~3粒

[洋葱沙拉酱]

洋葱 onion——30g
酱油 soy sauce——2大匙
味霖 mirin——2大吃
白醋 white vinegar——1大匙
色拉油 vegetable oil——1.5大匙
黑胡椒 black pepper——少许

白身鱼、塔塔酱，本来我想做的是酥炸鱼条。但是，准备炸油、沾面衣会有一点麻烦，那么直接下锅煎之后，再将酱淋在上面就好了！而且这样热量少很多。我在酱里面加入了咖喱粉，比普通的塔塔酱多了一种香味！

做法

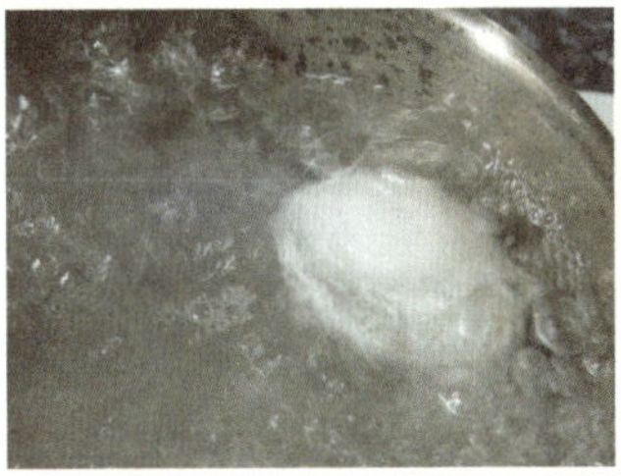

1 做白煮蛋。锅里放入鸡蛋后，加水开火。水煮沸后，继续煮约10分钟，取出鸡蛋后冲水冷却。

*煮鸡蛋有很多方法，从冷水开始煮，蛋壳才不会破。由于这次需要用到全熟的鸡蛋，所以至少要煮10分钟。

2 鳕鱼先用纸巾擦干表面的水分后，两面撒点盐和胡椒粉。

*也可用其他的鱼代替，鲑鱼、旗鱼、鲷鱼都可以！如果是做给小朋友吃的话，要挑出鱼刺，而且不要撒胡椒粉。

3 我买了一个秘密武器叫Cooking spray（煎喷油）。它可以预防用油过剩。只要往锅底喷一下就好了！

*做蛋糕的时候也可以用它来涂油！不要再用奶油涂抹了！

4 鱼下油锅，开中火，煎到两面呈金黄色后，转小火，盖上锅盖，继续煎到熟。

5 将白煮蛋、蛋黄酱、咖喱粉、香菜、腌渍荞头用汤匙搅拌好。

*白煮蛋不需用刀子切，用汤匙搅拌时，自然会被切成块，留些小块的蛋白口感比较好。

6 除了色拉油以外，将洋葱沙拉酱的材料全部混合在一起，再慢慢一边加入色拉油，一边搅拌。然后将莴苣、洋葱、圣女果装盘，淋上沙拉酱；煎好的鱼也装盘，淋上步骤5的塔塔酱。

Nanban marinated shishamo fish

多摄取钙！免炸柳叶鱼“南蛮渍”

2人份

材料

洋葱 onion——1/4个
胡萝卜 carrot——2~3片
葱 green onions——2根
辣椒 chili pepper——1/2根
*给小朋友吃的话，不要加辣椒，减少醋的量，他们爱吃甜一点的味道。
柳叶鱼 semi-dried caplin——5~6条
面粉 flour——适量

[南蛮腌酱]
白醋 vinegar——1/2杯
鱼高汤 fish broth——1/2杯（水+鲣鱼粉1/2小匙也可以）
白砂糖 sugar——1.5大匙
味霖 mirin——1大匙
清酒 sake——1大匙
酱油 soy sauce——3大匙

我喜欢吃柳叶鱼，平常我用家庭用的烤架或网子烤。柳叶鱼只能用来当零食吃吗？当然不是。它是一种方便食用的鱼，不用刮鱼鳞，不用切开肚子，也不不需要麻烦的处理过程，从超市买回来马上可以烹煮。这次用柳叶鱼来做“南蛮渍”，平常都用竹毛荚鱼来做，其实柳叶鱼很适合做这道料理。本来是先炸再腌，但我很少吃炸的东西，而且炸的食物热量比较高，所以我用煎的步骤。结果，很好吃！整条鱼含有很多钙质！怀孕中的妈妈，成长发育中的小朋友，觉得最近缺钙的朋友们，大家一起吃吧！

做法

1 将“南蛮腌酱”的材料放入锅中煮，待白砂糖溶化后，熄火。

2 洋葱逆纹切薄片。
*为什么逆纹切？因为比较好入味。

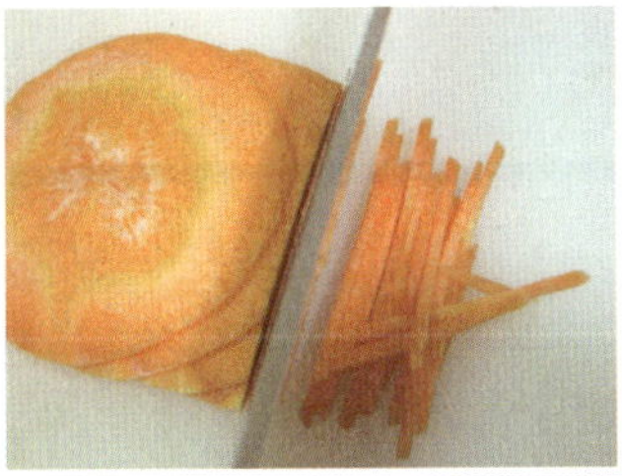

3 胡萝卜切丝。

4 将葱白用竹签或牙签串起来。

＊为什么要串起来？这样比较容易翻面。

5 若使用不粘锅的话，不用加油，直接放进葱白煎到呈金黄色。

＊为什么只有葱要煎呢？煎过的葱很香！比直接切片食用要好吃得多！

6 辣椒切片，与洋葱、胡萝卜、煎好的葱放进盒子里。

＊洋葱、胡萝卜不要全部放入，留一点放在旁边。

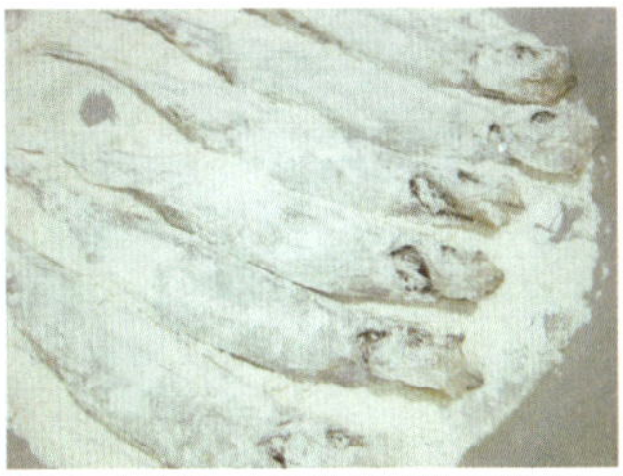

7 柳叶鱼沾面粉。拍掉多余的面粉。

8 锅里加一点油，放入柳叶鱼，开中火煎到两面呈金黄色，熄火。

9 煎好的鱼放在盒子里，让它们好好躺着。

10 加入南蛮腌酱，让柳叶鱼享受“沐浴时间”。

11 将剩下的菜放进保鲜盒里并盖上盖子，放置冷却后，即可以食用。或放在冰箱放置一个晚上，让它更入味。

＊这种菜当做便当也很好！

Crispy rice paper pizza with seafood toppings

米皮日式海鲜比萨

1人份

材料

面粉（低筋）flour——1大匙
牛奶或水 milk or water——1大匙
米皮 Rice paper——1张
色拉油 salad oil——少许

[馅料]
香菇 shitake mushroom——1/2朵
银鱼 white bait fish——1大匙
蟹肉棒 crabmeat cake——3~4条
京水菜 potherb mustard——少许
比萨起司 pizza cheese——50~60g

比萨大家都很爱吃吧！我也很喜欢，但只要吃几片就饱了，因为比萨下面的饼皮太厚，我比较喜欢享受比萨上面的馅料。这次介绍的“创意比萨”是用米皮做的，煎过以后非常脆，步骤也很简单！不需要准备一大堆比萨饼皮的粉类或鸡蛋，也不需要繁复的制作过程，只要决定比萨上面放什么东西即可！而且，最棒的是，不需用烤箱，平底锅就可以解决！我这次使用的组合很好，海鲜料很香，加上京水菜的爽苦味、海鲜和起司的咸味，不需要另外再制作比萨酱！大家享受幸福的Pari-Pari（脆脆的意思）时间吧！

做法

1 将香菇切薄片，银鱼、蟹肉棒、京水菜准备好。

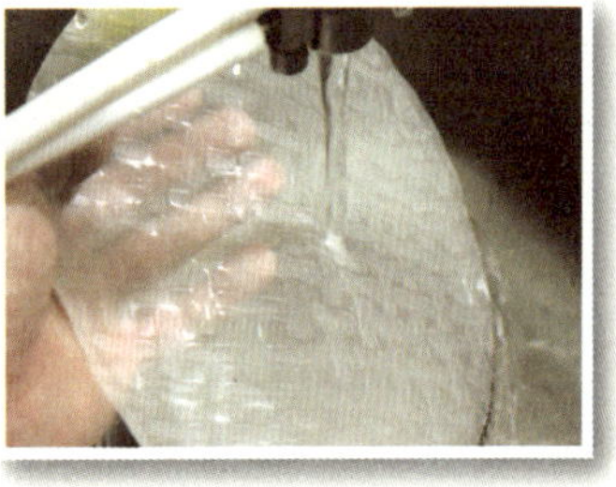

2 面粉里加大约同量的牛奶或水做成面糊。

3 将面糊倒在大盘子（比米皮大一点）里。

4 米皮用自来水冲下，让它稍微变软。

＊不要泡水太久，它很快就会变软，变软后非常不好处理。感觉还有脆度时即停止泡水。

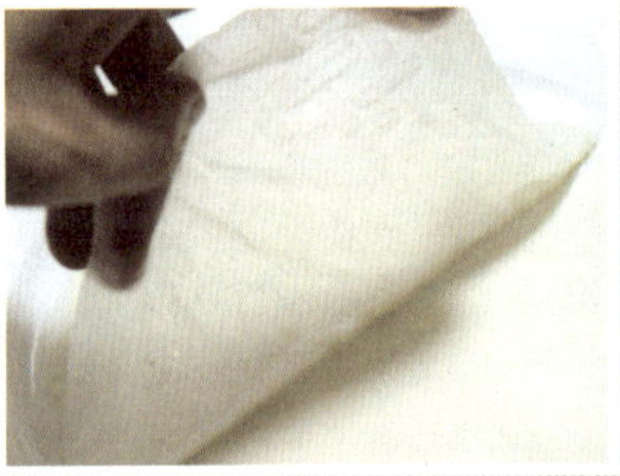

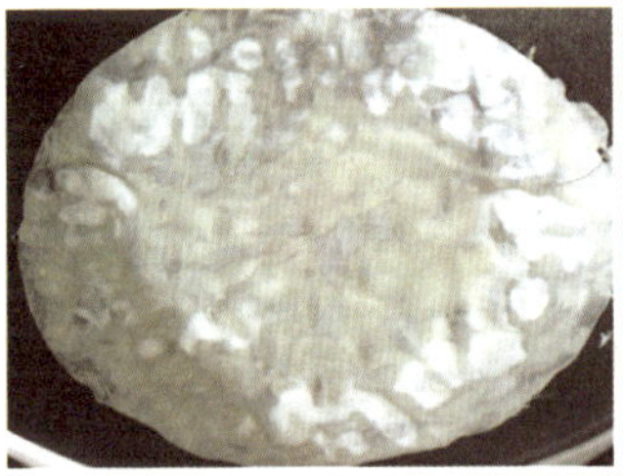

5 米皮（单面）蘸面糊或用刷子涂抹上面糊。

＊米皮变软后不好拿，蘸好面糊后，不要等，马上移到锅里。

6 锅里涂一点色拉油，有面糊的面朝下放进锅里，先不用开火。

7 慢慢放进馅料，再开中火煎。

＊这次没有涂比萨酱，因为其他材料都有咸味。也可以涂上混合的番茄酱和猪排酱。

8 盖上锅盖，以小火继续煎。

9 等到起司熔化后，熄火。

10 切成自己喜欢的大小！

＊也可以做成甜的！突然想到，放点苹果和肉桂粉也不错！（￣－￣）<--贪心

Baked fish filet

免炸酥烤白身鱼

1人份

材料

白身鱼片（鳕鱼）——2片
white meat fish（black cod）

面粉 flour——3大匙

水 water——5大匙

面包粉 bread crumbs——1/2杯

卷心菜 cabbage——2~3片

番茄 tomato——1/2个

我很爱吃鱼，也介绍过好几种鱼料理，但是还有许多尚未介绍的鱼料理。酥炸白身鱼也是我最爱的料理之一！现在，我正在控制体重，所以油炸的东西尽量少吃，但是又不想放弃！所以利用以前做过的不需炸的炸猪排方法做这道料理，试试看味道怎么样，嗯，味道太棒了！依然有酥酥的口感，而且不用担心油炸料理的油分。

做法

1 白身鱼片如果有皮的话，必须去掉，并拿掉鱼刺。

＊为什么不要鱼皮？因为，带皮煮的话，鱼肉会一整片卷曲，不好处理。为了预防肉片破碎，在煮之前，可以用竹签或牙签穿起来固定形状。

2 白身鱼片放在网子里，放入开水里焯一下。

＊鱼肉很容易碎掉，所以一定要放在网上或汤匙里面，再放入锅里。

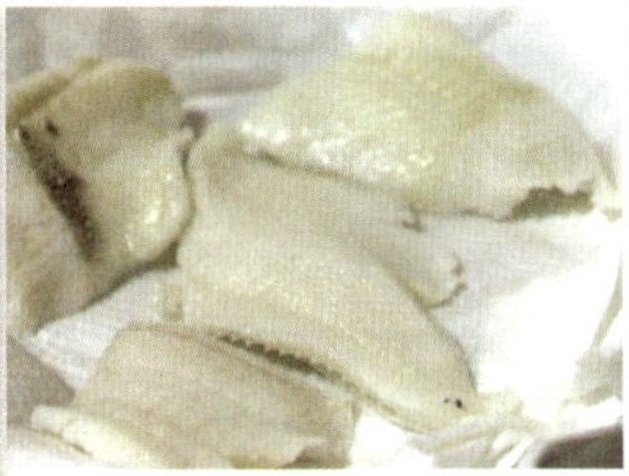

3 白身鱼片烫好后，放在纸巾上。

4 面粉加水制成面糊。

5 不用加油，将面包粉直接放在锅里，用中小火烤到金黄色。

＊小心！开始变色时就要一直拌，避免它很快变黑！

6 鱼片、面糊、面包粉准备好，开始裹面衣。

7 小心拿起鱼肉，先沾面糊，再沾面包粉。

＊这个步骤，鱼很容易破掉，要轻轻地、慢慢地裹面衣。鱼肉可先用竹签或牙签串起来，这样比较好处理。

8 鱼片裹好面衣后放进烤箱，以200℃烤5～6分钟，取出。将切好的菜装盘，再放入烤好的鱼片，淋上自己喜爱的酱汁即可。

Soy sauce stewed black cod

15分钟简单料理！酱油煮鳕鱼

1人份

材料

鳕鱼 black cod——1~2片
葱 shredded green onion——适量
日式高汤 japanese broth——1杯
＊也可以用水+鲣鱼粉（Water+bonito powder）代替。
酱油 soy sauce——2~3大匙
味霖 mirin——1大匙
白砂糖 sugar——1大匙
清酒 sake——1大匙
姜 ginger——3~4片
绿色蔬菜 green vegetable——适量

吃腻煎鱼了吗？这次介绍一道非常简单的日本鱼料理。只要知道"煮付け"（酱油煮）怎么做就可以，下次买了新鲜的鱼，就可以用这个方法做了！酱油跟姜一起煮的味道，加上味霖的亮亮表面，很吸引人！不会油腻，热量也不高，非常健康，大家多吃一点哦！

做法

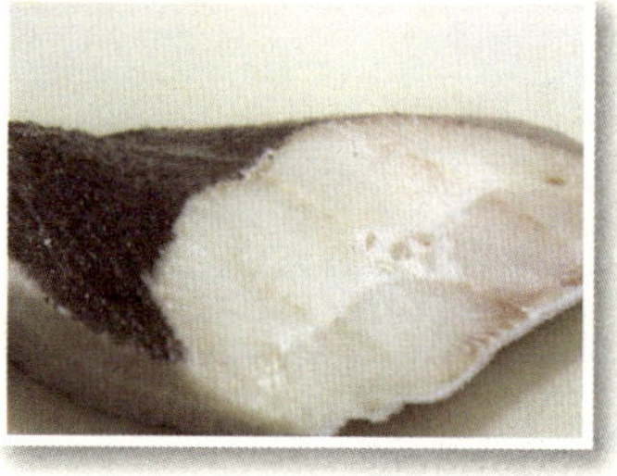

1 这次用的是鳕鱼，你想换成其他的鱼也可以。

＊有的鱼类有腥味，如果鱼腥味太重，可在鱼肉上先淋煮沸的水，洗掉表面的黏液。

2 葱白色的部分以顺纹切开，拿掉中间很细的部分，再切成丝。切好后，泡在冰水里。

＊可以参考下面的小贴士。

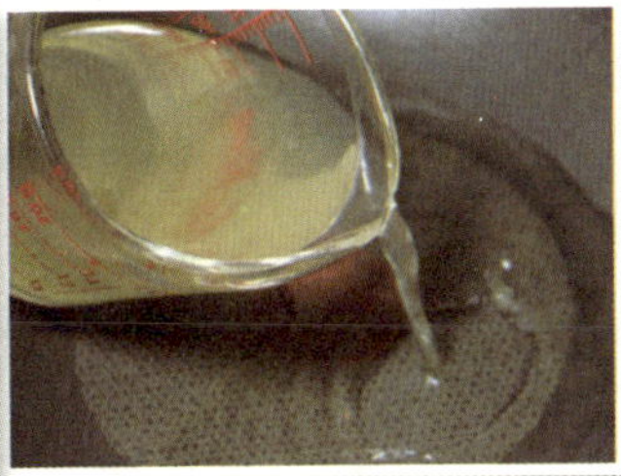

3 日式高汤放进锅里。

＊没有高汤的话，用1杯水加入1小匙的鲣鱼粉调成高汤。

4 加入酱油、味霖、白砂糖、清酒与姜。

5 开中火，把酱汁煮沸。

6 放入鳕鱼，用汤匙把酱汁淋在鱼上面。

7 等鱼的表面变色后，盖上锅盖，用小火继续煮5～6分钟。

8 拿走锅盖，转中火，持续在鱼的表面淋上酱汁。看到酱汁的水分稍微变少、颜色变深、味霖的亮色出来后就可以熄火了。用锅铲轻轻将鱼装盘后，淋上酱汁，最后撒上葱丝和焯过的绿色蔬菜即大功告成。

小贴士

1 葱切开变成带状，每片重叠开始切。

2 将葱放在含有冰块的凉水中，让它们自己卷起来。

Potato salad wrapped with smoked salmon & snapper

简单美丽！双色鱼球沙拉和新鲜香草番茄酱

4 人份

材料

土豆 potato——1个
番茄 tomato——1个
鲷鱼 snapper——1条
盐 salt——少许
胡椒粉 pepper——少许
香草（百里香、莳萝、罗勒都可以）——少许
橄榄油 olive oil——少许
鸡蛋（做成水煮蛋） egg——1个
蟹肉棒 crab meat（imitation）——2条
低卡蛋黄酱 low-cal mayonnaise——适量
熏鲑鱼 smoked salmon——8片
香草酱 herb sauce——适量

＊做法参见P.102普罗旺斯风煎烤鲭鱼香茄和香料酱汁。

这次介绍一道看起来很高级的料理。除了熏鲑鱼外，其他的材料都不是很贵，步骤也不是很复杂，而且这道料理很健康：用油很少、生鱼（高蛋白质低脂肪）、土豆（含伽马氨基丁酸，能让你的内脏充满活力，并燃烧热量）、橄榄油（减少血液中的胆固醇）。偶尔想要喝点小酒的时候，也可以搭配出一些好看的料理。你可以做给别人吃，喝好一点的酒，一起享受！白酒、凉清酒，都很好，既健康，又好吃！天气越来越热，吃点爽口的料理吧！

1　土豆削皮，切小块，放入凉水锅中煮。若用筷子很容易插进去，表示土豆已经熟了。水倒掉，土豆放在碗里。

＊如果土豆不削皮，整个煮熟后再去皮也可以。如果要省时间、省煤气，就用我的方法！

2　煮好的土豆用木匙（或木铲）打碎后，冷却。

＊不需太快加入其他的材料，蛋黄酱会溶化，油会渗出来。

3　番茄去皮法：用小刀切掉蒂。

＊这是料理的基础！

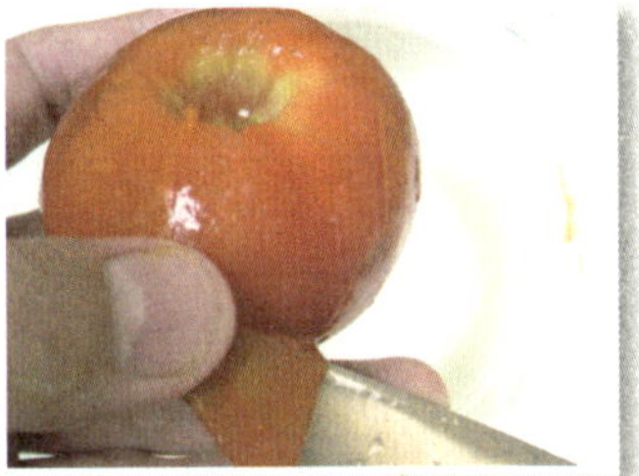

4　在番茄尾端切十字。

5　将番茄放进煮沸的水中，焯10～15秒后，取出，放进凉水里。

＊记得，要先准备冰块，否则番茄放进去再准备就来不及了。

＊小心！番茄不要烫太久！这个步骤只是要把皮缩小，不是要煮番茄！

6　从番茄尾端或另一边剥去外皮。

＊因为温差的关系，番茄放在冰块里，皮缩小了，很容易拿掉。

7　依图片的方式切开番茄，去掉里面的子。

8 再把番茄片切成小丁。将切好的番茄丁放进果汁机，打成泥。可加点盐调味。

小贴士

知道番茄怎么处理，以后很多菜都可以采用这种方式来做装饰！

其实要打成泥的话，不需要切这么细，就让果汁机来处理好了！

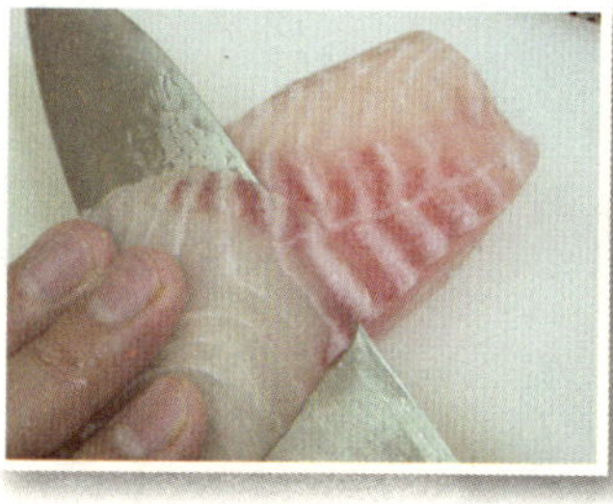

9 鲷鱼切薄片。

10 鱼片撒上盐、胡椒粉、香草，再淋一点橄榄油腌一下。

11 水煮蛋、蟹肉棒与低卡蛋黄酱，放入步骤2的土豆泥里拌匀，试一下味道，如果不够咸，加点盐。

12 小碗里铺一张保鲜膜后，将鲷鱼薄片贴在碗四周，放入一点步骤11的馅料。

＊不要放太多，那样会不好包裹。

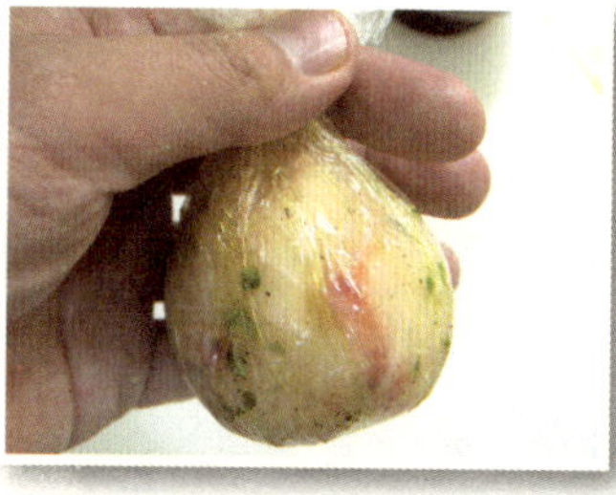

13 把保鲜膜卷起来。

14 熏鲑鱼也是用同样的方法处理。摆盘，淋入香草酱。

＊简单吧！请慢用！

ushrooms Oriental omelet / Home made Dahi-maki egg / Egg nog style Sake / Potato & Beef Japanese stew
Home made Okonomi-yaki / Potato chips salad with tofu / Deep-fried Squash Ravioli / Potato pizza pocket
Curry flavored Deep fried tofu / Japanese yam & Mizuna salad with plum dressing / Tofu Hamburg steak /
eese baked Daikon cake / Sauteed curry croquette / Butter sauteed mushrooms salad / Edamame Morning
t / Stir fried Kimpira Gobo / Avocado & Kimchee on tofu / Stir fried Daikon cake with Kimchee / Home made
tatouille / Japanese yam & Okura on tofu appetizer / Kimchee potato gratin / Easy step Kinshi-Egg sheet

Mushrooms Oriental omelet

日式百菇欧姆蛋

1人份

材料

香菇 shitake mushroom——1朵（约30g）
金针菇 enoki mushrooms——20g
葱 green onions——20g
鸡蛋 egg——2个
奶油 butter——1小匙
白萝卜泥 daikon paste——适量
盐 salt——少许

[日式百菇酱]
香菇 shitake mushroom——20g
金针菇 enoki mushrooms——40g
清酒 sake——60mL
白砂糖 sugar——1/4小匙
日式柴鱼酱油 soba tsuyu——50mL
水淀粉——1/2 小匙（不加也可以）
starch:water（1:1）

你想象中的西式早餐是什么样的呢？有面包，有鸡蛋料理，有咖啡……还有煎蛋卷。平常淋番茄酱吃，当然很好吃，但有时候，我想要吃有一点日式口味的，太贪心了，（*￣－￣*）那怎么办？这次就介绍一种日式洋食料理。用西式料理的步骤，搭配日式的材料，还要加上一点秋天的味道。来！一起做吧！＼（^o^）/

做法

1 把材料与酱料中的香菇切块，金针菇切丝，葱切丁。

2 先做日式百菇酱。锅内加入清酒，开火，让酒精蒸发。

3 加入白砂糖与日式柴鱼酱油，放入香菇和金针菇，用小火继续煮到菇的香味出来（需5～6分钟）。

4 火先关掉，再加水淀粉。搅拌好后，开火，让酱汁勾芡。

＊如果没有关火直接加入水淀粉，比较容易结粒。

5 奶油放入锅里，加入材料中的香菇和金针菇拌炒，再加点盐调味。

＊不要加太多盐，因为待会儿还要淋上酱汁。为什么香菇类不直接放入鸡蛋液中搅拌？因为我想用奶油炒一下，把香菇的香味激出来。

6 鸡蛋液里放些葱，搅拌均匀。

＊我想保留绿色，所以没有与菇类一起炒。

7 将葱蛋液倒入步骤5的锅中，马上开始搅拌。

8 蛋还没熟，就像图片上的那样，暂时不要再炒。

＊我喜欢滑滑的口感，所以不会加热太久。

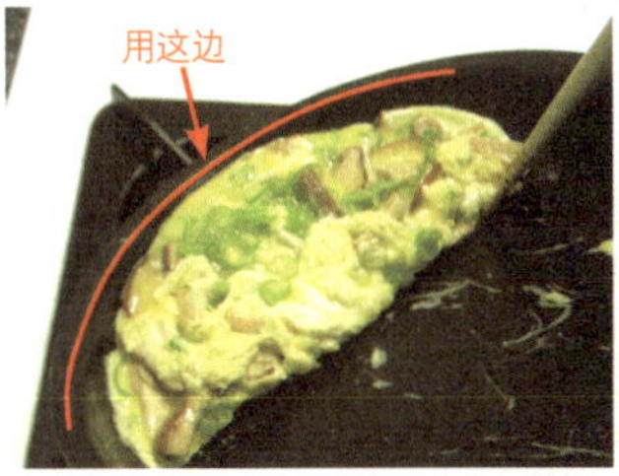

9 用筷子将香菇蛋液卷到锅边缘。

＊利用锅边缘做成半月形。

10 接着，再翻过来。

＊这个动作，用刮板弄比较简单。

11 翻过来后稍微煎一下（大约10秒）。把锅内的蛋卷倒在盘子上。放一点白萝卜泥，淋上步骤4的日式白菇酱。

＊如果酱太硬或太干，可以加点水再加热。

Home made Dahi-maki egg

习惯后简单！自制日式玉子烧

2人份

材料

鸡蛋 egg——3个
日式高汤 dashi/fish broth——80mL
（也可以水里加1/4 小匙的鲣鱼粉代替）
白砂糖 sugar——1小匙
（做成关西风的话，不用加入白砂糖）
酱油 soy sauce——1小匙
盐 salt——少许
色拉油 salad oil——少许

做法

1 碗里打入鸡蛋液，分开筷子，重复10次由上往下切蛋的动作，再重复10次由左往右切蛋的动作。

＊千万不要搅拌太多次！蛋清、蛋黄不完全打散，这样口感才好。

2 将日式高汤、白砂糖、酱油、盐放在一起混合均匀，倒入步骤1的鸡蛋液中。

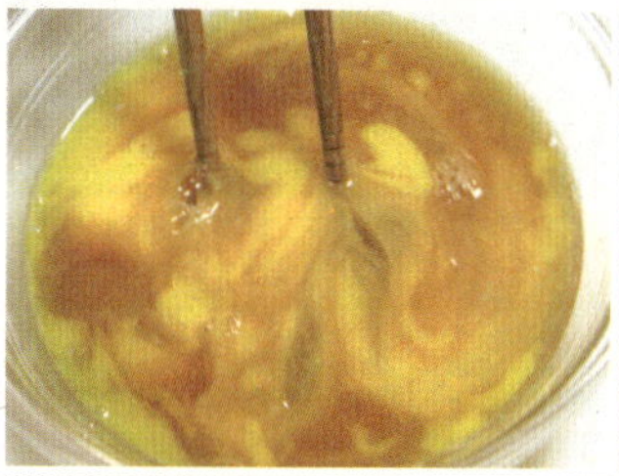

3 重复同样的动作（由上往下和由左往右各10次）。

＊看起来还没混匀的样子。没关系，这样煎了之后会比较好吃！（— —）

4 平底锅中涂一点色拉油，开中火，加入一点鸡蛋液。

＊如果不习惯，用小火也可以。

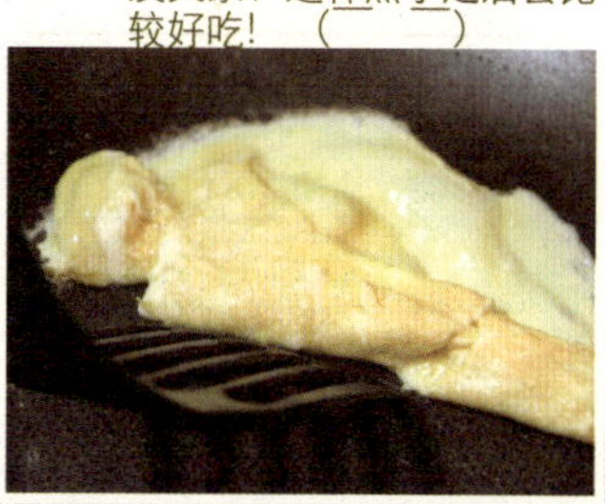

5 等到鸡蛋液有一点变色，从把手端往前推，利用锅铲把蛋卷起来。

6 用纸巾在锅内涂些色拉油。

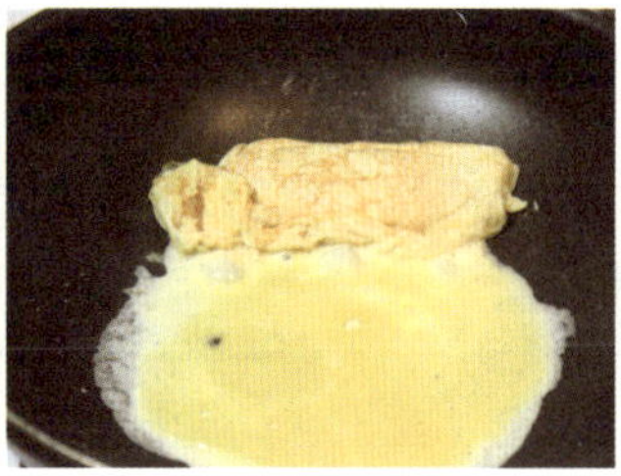

7 卷好的蛋拨到前面，再加入一点鸡蛋液。

8 把卷好的蛋滚回蛋皮里，然后再推回到前面，涂抹色拉油，加入鸡蛋液。

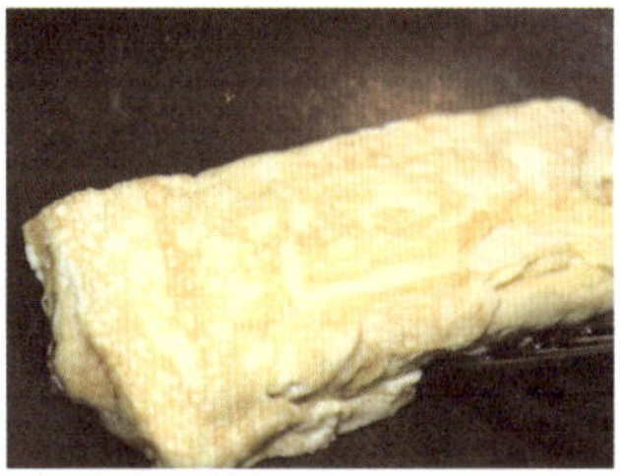

9 重复同样的动作直到蛋液用完。

＊要记得每次加入蛋液之前，平底锅都要涂上一层油！

10 将蛋卷放到铝箔纸上。

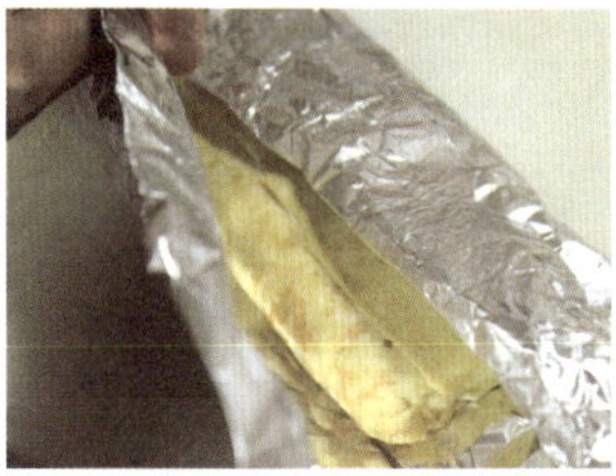

11 把蛋卷稍微包起来。

＊由于里面并未完全熟，还可以调整形状。包起来后会自行利用余温变熟。

12 等到稍微冷却以后，拿掉铝箔纸，均等切块。

＊断面看得到白色、黄色的部分，这样子口感比较好，显得多汁！

大家都爱吃玉子烧或煎蛋，但可以在家里做吗？是不是一定要买四方型的煎蛋锅？是不是要买卷帘？日本人的家里都有那些东西吗？不一定！那……怎么做？这个问题我也想过，到底可不可以呢？老实说，我也没用过圆形的锅做玉子烧。如果用炒锅的话，还需要调整步骤。后来，我稍微研究了一下，觉得这个步骤大家可以试试看。只用简单的厨具就可以做出漂亮的玉子烧哦！^^

Eggnog style Sake

小心流行性感冒！日本传统风邪饮料“卵酒”

2人份

材料

清酒（纯米酒）sake——180mL
鸡蛋 egg——1个
白砂糖 sugar——20g

冬天容易感冒，而且会让很多人都受到感染，因为天冷的时候，细菌比较活跃。如果你已经感冒或有一点不舒服，我来介绍一种特别的饮料！大家可能在日剧中或漫画上见到过，感冒的人会喝“卵酒”（蛋酒），看起来很好喝的样子！老实说，我没喝过！（—_—;）很多人都以为日本人感冒的时候都会喝这种饮料。不一定哦！不管怎样，现在正是时候，MASA就试试看，并与大家一起分享！

*请注意！卵酒算是一种营养饮料，但不是感冒药。如果已经有感冒的征兆，还是要到医院去看医生，吃适合的药！最重要的是，常洗手，戴口罩，并吃有营养的东西！

做法

1 量清酒。

*一般的清酒都行，无需选用特别的酒。由于需要加热，所以使用纯米酒也可以。

2 将清酒倒入瓶子里。

*我家没有热清酒的瓶子，只有冷酒瓶。如果没有合适的清酒瓶，咖啡杯或茶杯也可以。

3 隔热水加热。

*如果怕酒精太强，可直接倒入锅里加热。蒸发酒精也好（但是记住要用小火，否则会烧起来）。

4 鸡蛋液中加入白砂糖。

*也可以加蜂蜜或红糖。

5 搅拌好以后，用滤网过滤鸡蛋液。

*蛋液过滤后，口感会比较滑顺。

6 将步骤3的酒慢慢加入到鸡蛋液中。

*加入白砂糖后，像做布丁一样搅打鸡蛋，再加入热的东西，蛋才不会凝固！

7 搅拌至确认糖已经溶化，再倒进杯子里慢慢喝。

小贴士

卵酒不是热饮，要喝温的。操作要点是，不要让鸡蛋液凝固。若呈一粒一粒的，口感非常差。如果不喜欢蛋的味道太浓，可以加些姜片。

注意！它还是酒，不要因为太开心就喝得太多！喝完赶快睡觉哦！酒鬼MASA！

(*￣－￣*)\(￣_￣)唉！喝太多了……

Potato & Beef Japanese stew

妈妈的味道最棒！土豆炖肉

6人份

材料

牛肉片 sliced beef——200g
（火锅用的也可以，太长可切一半）
洋葱 onion——300g
胡萝卜 carrot——100g
土豆 potato——500g
魔芋 konyaku——200g
水 water——500mL
四季豆 green beans——适量
色拉油 salad oil——少许
酱油 soy sauce——5大匙
白砂糖 sugar——2大匙
清酒 sake——2大匙
味霖 mirin——1.5大匙

＊调味料每家的味道稍微不一样，参考以上的比例再自行调整！

大家想象中“妈妈的味道”是什么样子呢？在日本，应该很多人会说，“土豆炖肉”。步骤不太复杂，有肉与丰富的蔬菜，是很营养的料理。所以，很多日本女性学料理的时候，学的第一道料理就是这道土豆炖肉，以后可以做给男朋友吃。(*¯—¯*) 但男生是否不太适合做这道料理？当然不会！任何人都可以做！反正，大家开心煮菜，与家人一起享受就行了！

做法

1 洋葱切片。

＊因为要煮很久，切厚一点比较好，太薄的话，煮一下就化了。

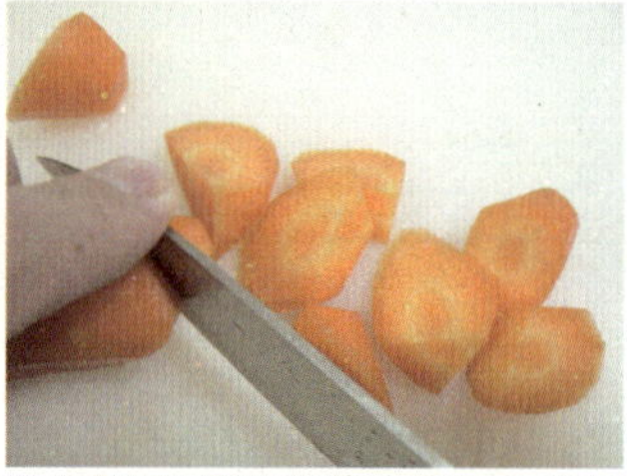

2 胡萝卜切滚刀块。

3 土豆切块后，用小刀削掉尖角。

＊为什么尖角要削掉？预防煮的时候烂掉，如果需要很长时间，记得切好后泡水，可防止变色。

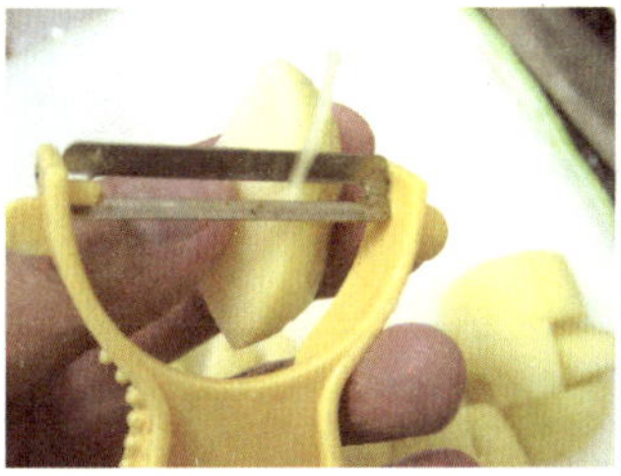

4 平常我们用刀削，如果不习惯的话，这里有个解决的办法，即用削皮器削。

5 魔芋切断，放进煮沸的水里煮约2分钟后，倒在网子上滤干。

＊为什么要先煮？因为魔芋里面有凝固剂（石灰），会让肉类变硬。稍煮一下可去掉石灰质。

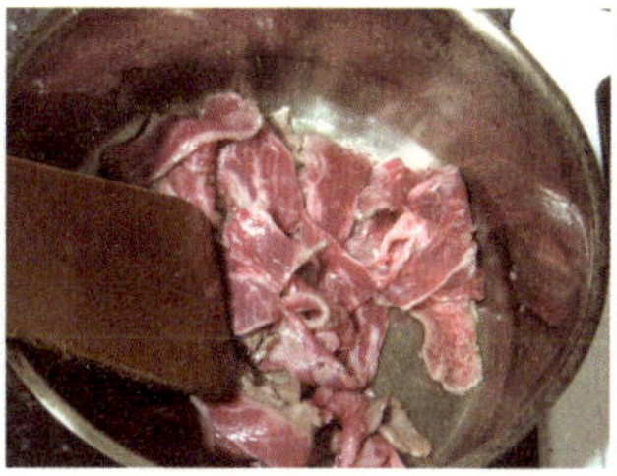

6 锅里加入一点色拉油，开火，再放入牛肉，以中火炒。

＊如果肉粘锅的话，锅加热后，熄火，加入肉拌一下，再开火。

7 加入魔芋与一半的洋葱继续炒。

＊先加入洋葱是抽出它的甜味，剩下的洋葱后面再加入，是为了留一点口感，与“牛肉盖饭”的步骤很像。

8 加入土豆、胡萝卜，炒一下，再加入大约500mL的水，大火煮2～3分钟后，将表面的浮沫捞出。

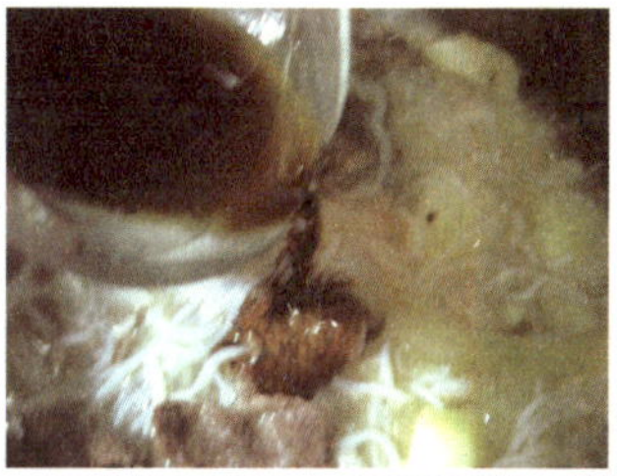

9 转小火，加入酱油、白砂糖、清酒、味霖。

10 将锡箔纸做成盖子，放在锅上面盖起来，继续煮。

＊为什么要用小盖子？因为它能让食材更入味。但是，不用压下去！

11 加入剩下的洋葱，拌一下，继续煮。

12 等到土豆、胡萝卜已经熟了，汤也变少后，再加入四季豆煮一下。

Home made
Okonomi-yaki

在家里享受绿日料理！大阪烧

4 人份

材料

面粉（低筋）flour（All purpose）——200g
盐 salt——1/2小匙
鲣鱼粉 bonito powder——1小匙
山药 chinere yam——150g（不加也可以）
水 water——150~200mL
（加入山药的话，量可少一点）
鲜虾 prawns——8只（切成16段）
墨鱼 squide——100g
猪肉（五花肉）sliced pork——200g
猪排酱或牛排酱——适量
tonkatsu sauce or steak sauce
蛋黄酱 mayonnaise——适量
海苔粉 aonori/seaweed powder——适量
柴鱼片 katsuo-bushi——适量
卷心菜 cabbage——适量
鸡蛋 egg——1个

我刚来台湾的时候，看到这个名字吓了一跳。大阪烧？在关西那边做烧烤的东西？后来看到商品，才明白因为这道料理是大阪人发明的，所以取了这个名字。他们（关西人）喜欢使用面粉做料理。我爸原本是关西人（兵库县），他也爱吃这种菜，后来他搬到关东（神奈川），所以我是关东人。不管怎样，我们叫“お好み焼き”（Okonomiya ki），意思就是：“你喜欢的东西随便烧烤着吃！”平常我们都在周末吃这道料理，把电热铁板拿出来，开始做。如果没有电热铁板，以平底锅代替也可以！这次我想介绍其基本的步骤。

做法

1 用滤网筛面粉，再加入盐、鲣鱼粉与面粉混合。

2 慢慢加入水，用打蛋器搅拌均匀。

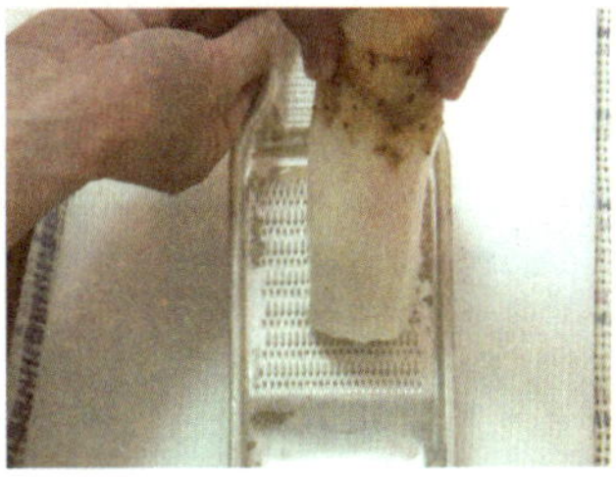

3 如果有山药的话，以磨泥板弄成泥后加入。

＊加入山药会增加松软的口感。

4 将卷心菜横切。

5 放平后切片。

6 最后再切成丁（小块）。

＊不要切太细，保留脆脆的口感。

7 黑鱼切片。

8 鲜虾切段。

9 猪肉切片。

10 开始做大阪烧。将面糊（大约100mL）放入碗里。

11 放入切好的卷心菜与鸡蛋。

＊每个家庭的比例不一样，有人会多用一点面糊。做做看，找出来你喜欢的比例。

12 用汤匙将卷心菜与鸡蛋液搅拌好。

＊有人会在这时加入其他材料（如海鲜、肉类等），总之，没有任何规则，只要你喜欢就好！

13 锅上涂一点色拉油，开中火，再将步骤12的料全部放入。

14 如果加入海鲜、肉类的话要码放好，用锅铲看看下面有没有煎到呈金黄色。

15 如果有，用两支锅铲翻面。

16 在煎好的饼上涂上猪排酱或牛排酱。将蛋黄酱放进塑料袋中绑起来，切掉一角。

17 将蛋黄酱挤在上面。

18 再撒上海苔粉、柴鱼片。

＊味道已经很香了！（￣ー￣）来，来，爸爸、妈妈拿啤酒，小朋友喝苹果汁，享受快乐周末！
ヽ（’▽’）/~♪

Potato chips salad with tofu

卡哩卡哩土豆片豆腐沙拉

1人份

材料

生菜——2~3片
lettuce

土豆片——5~6片
potato chips

豆腐（嫩）——1/4盒
tofu（silk）

圣女果——5~6个
mini tomato

[海苔芥末蛋黄酱]

日本蛋黄酱——2大匙
mayonnaise

味霖——2小匙
mirin

芥末酱——1/2小匙
wasabi

海苔粉——1小匙
seaweed powder

土豆片是零食吗？不一定喽！要看怎么吃。当然一整包直接吃，喝可乐的话，就像是零食。我本来想要直接吃，但这样吃没有什么营养。后来，想到这个菜。不但可以享受土豆片，还可以吃到比较健康的食物。而且，因为它脆脆的口感，就像在吃凯萨沙拉！爽！

做法

1 我买的土豆片。

＊买你喜欢的口味或品牌，建议买味道淡一点的。

2 混合“海苔芥末蛋黄酱”的材料。

3 准备一个碗，将洗好的生菜、土豆片、圣女果与一整块豆腐放进去。加入步骤2的酱料。

＊豆腐不用切，因为，等一下用汤匙搅拌的时候，自然就会碎开。

4 用汤匙搅拌。一边拌一边切豆腐。装盘。

＊豆腐不要切成太小的块，要享受它的口感！

Deep-fried Squash Ravioli

啪哩啪哩炸南瓜意式馄饨

1人份（8~10个）

材料

南瓜（去皮，去子）pumpkin（squash）——300g
奶油 butter——少许
牛奶 milk——50mL
鲜奶油 whipping cream——50mL
馄饨皮 wonton sheet——16~20张（饺子皮也可以）
面粉 flour——适量
水 water——适量

[甜咸酱]
酱油 soy sauce——2大匙
味霖 mirin——1大匙
白砂糖 sugar——1大匙

万圣节快到了！这次介绍一种南瓜料理。啪哩啪哩的日文发音就是Pari-Pari，意思是“脆脆的”。外面的皮非常脆，里面的南瓜很香。很久以前我做这道料理的时候，煮到一半就忍不住偷吃一口……太好吃了……我想直接用汤匙挖着吃一大碗。其实这样子吃没有什么特别。而且，它的味道很浓，很容易就腻了。要不然，加工一下做成一道特别的菜吧！

做法

1 用削皮器削南瓜皮。

＊不需要完全去皮。煮南瓜时留一点皮，这样才不会烂掉。南瓜有很多种，日本南瓜比较硬，可先放在微波炉中加热一下才比较好处理。

2 南瓜切片，放入锅中用奶油炒一下。

＊为什么要炒呢？南瓜炒一会儿后，会使里面的甜味出来，英文叫 Caramelization（焦糖化），焦并不一定要变咖啡色，表面变透明就行了。

3 先加入材料中2/3分量的牛奶和鲜奶油，用中火煮。若南瓜不熟，水分不够，再加入剩下的量。冷却后将南瓜泥放入冰箱冷藏，让它变硬。

＊每个南瓜的水分不太一样，刚开始不要将牛奶和鲜奶油全部加进去。如果全部加入还不够，可以再加牛奶，但不需把南瓜煮得很烂，留点一粒一粒的口感。

＊为什么要放进冰箱？因为太软的话不好包。

4 面粉和水混合做成面糊放在旁边备用。将约1小匙的南瓜泥放在馄饨皮上面，再用刷子蘸点面糊铺在馄饨皮边缘。

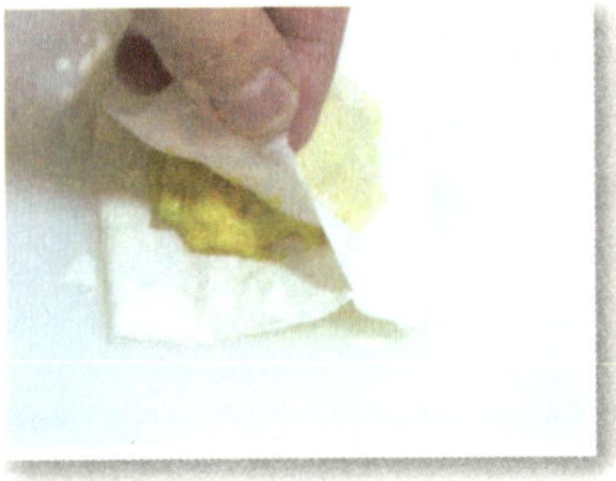

5 馅料上面再放上另一张馄饨皮，周围压好，确认已完全密封。

＊也可以用饺子皮代替馄饨皮，口感虽不一样，但也很好吃！

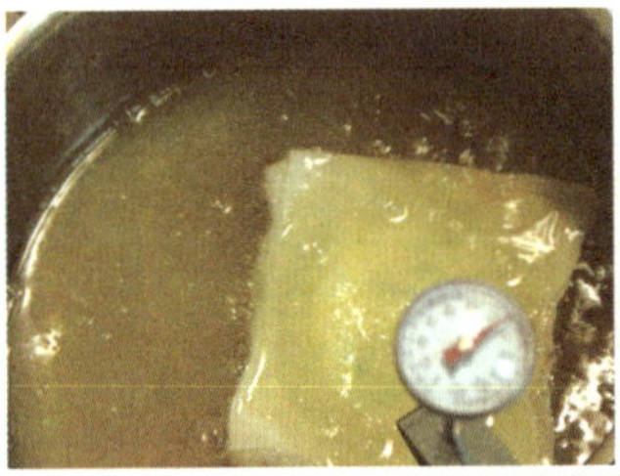

6 起油锅，至油温约160℃左右，放入包好馅料的馄饨，慢慢炸。

＊若油温太高，馄饨皮边缘容易焦掉，用饺子皮的话，油温高一点没关系。

7 甜咸酱的材料全部放进锅中煮到浓稠。煮好后淋在南瓜饺上面。

8 可偷偷地切开看看里面……等不及。

（¯—¯）←要流口水

Potato pizza pocket

土豆比萨袋饼

1人份（1片）

材料

土豆 potato——1个
洋葱 onion——1/4个
培根 bacon——2片
蘑菇 mushroom——2个
比萨起司 pizza cheese——50~60g
色拉油 salad oil——适量

我本来想要做“里昂那土豆”，但每次都吃多了，总觉得有一点干，后来想到要用不一样的步骤。这样子吃也不错，看起来像是扁扁的煎土豆片，切开里面就有！

做法

1 土豆切成薄片（约1mm）。

＊为预防土豆变色，削好后泡在水里。

2 “唉！这么薄是没办法切的啦！”对！我也发现……（一_一;）但做菜不是在比赛刀工，所以我用秘密武器——削皮器，将筷子插进土豆，这样可以保护自己的手，开始削土豆。

3 洋葱切丝，培根切小片，磨菇切薄片。锅中放点色拉油，加入以上3种材料拌炒。

＊洋葱、培根、起司都与土豆很速配，不过，你也可以选择自己喜欢的材料（这个季节的话菠菜也不错）。

4 将土豆从水中捞出，放在纸巾上擦干一点。先铺一半在不粘锅里。

＊不要放太多，放太多后不好煎。

5 中间放入步骤3炒好的材料与比萨起司。

＊不要放在边缘，因为待会儿还要把材料包起来。

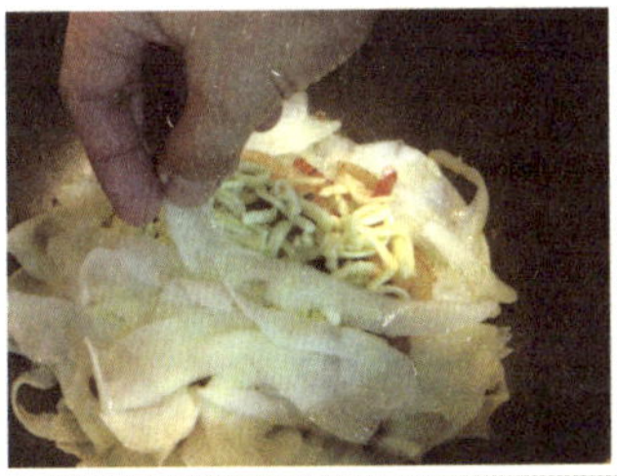

6 将另一半的土豆片放在最上面，完全盖好馅料。开中火，煎到变成金黄色。

＊不一定要做成圆形，也可以做成四方形的。做在保鲜膜上，包起来冷冻保存，下次拿出来用微波炉热一下就可做成便当菜！ ︵O︵）b

7 用锅铲翻过来。如果不习惯的话，也可像图片上示范的一样，先放上一个盘子。

8 将锅连同材料倒扣在盘子上。

9 再滑回到锅里，继续煎。

10 两面煎得像图片一样就行了。

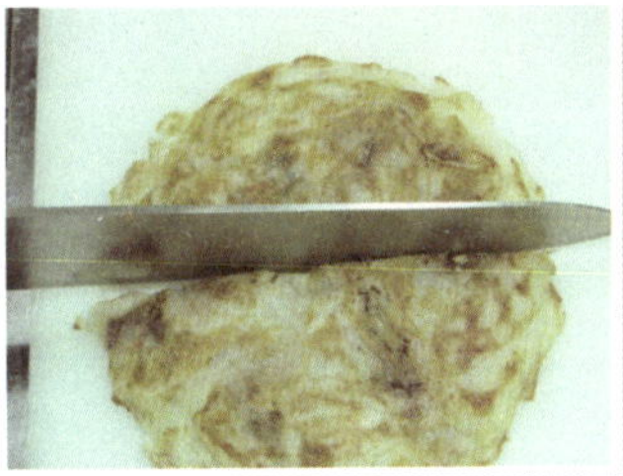

11 像切比萨一样，平均切开。

＊它也可以当做配菜，放在汉堡肉旁边。直接吃或蘸番茄酱、蛋黄酱都不错！

Curry flavored Deep fried tofu

日式咖喱炸豆腐

2人份

材料

豆腐 tofu——1盒
淀粉 starch——3大匙
咖喱粉 curry powder——2大匙
葱花 chopped green onion——少许
海苔丝 shredded seaweed——少许

[日式咖喱肉酱]
色拉油 salad oil——适量
猪绞肉（或鸡绞肉） groud Pork（or chicken）——80g
洋葱（切碎） chopped Onion——1/8个
日式柴鱼酱油 soba tsuyu——2大匙
咖喱粉 curry powder——1小匙
水 water——2大匙
水淀粉 starchy Water 淀粉:水=1:1——适量

介绍这道日本料理会不会太奇怪？本来日本料理中就有一道炸豆腐，但我不想做太普通的，而且我相信很多人已经知道这道菜。我想吃的豆腐味道是有点不一样的。上次做咖喱乌龙面时，我发现咖喱粉很好用。日式口味与咖喱非常搭配。印度和日本合作的料理开始喽！

做法

1 豆腐脱水。用纸巾把豆腐包起来，去掉里面的水。

＊豆腐脱水的方法有很多：上面放重物压着放置约半小时，或者放在微波炉加热一下。我选择最简单的方式，因为我不想太麻烦啦！（*＿＿*）

2 先做日式咖喱肉酱。锅里放一点色拉油，加入猪绞肉开始炒，再加入洋葱继续炒。

＊有的锅会黏锅底，加热一下，熄火，放在湿抹布上，再加入猪绞肉，搅拌后，放到煤气灶上开始炒。

3 加入咖喱粉，等炒出香味后，加水和日式柴鱼酱油（转小火）。

4 煮到混合均匀（约15分钟）后，加入水淀粉勾芡，熄火。

＊如果时间还没到就变很干，可多加一点水。

5 混合淀粉和咖喱粉。

＊用打蛋器打比较快。

6 锅中放油，烧至170～180℃。

＊这个顺序很重要！先将油预热，再开始沾粉。将筷子放进油锅，看到冒出很细的泡泡出来，就表示温度差不多了（170～180℃）。

7A 豆腐沾上步骤5的粉，拍去多余的粉后，马上放进油锅里炸。

＊粉太厚，炸的时候皮容易掉。沾粉后，豆腐会一直出水。不要等，马上炸！接着，再沾粉，炸下一个。

7B 如果，你不敢徒手把豆腐直接放入油锅里的话，可像图片示范的那样，用漏勺放进去炸。

＊里面有咖喱粉，比较容易变黑。要小心！

8 等豆腐炸成金黄色就行了。放在纸巾上吸干油。全部都炸好后，淋上步骤4的酱料，撒上葱花与海苔丝即成。

Japanese yam & Mizuna salad with plum dressing

酸爽！健康！山药京水菜沙拉日式梅子酱

2人份

材料

山药 chinese yam——5~6片
京水菜 mizuna（potherb mustard）——1把
＊可用菠菜（spinach）、豆苗（pea shoot）代替
白芝麻 white sesame——适量
海苔丝 seaweed——适量

[酱汁]
梅子（梅干）umebosi（pickled plum）——2个
日式柴鱼酱油（浓缩2倍）soba tsuyu——3大匙
色拉油 salad oil——50mL

我在超市看到京水菜，是在日本经常看到的一种“京野菜”。做成沙拉或放入火锅都可以。原本是京都的冬天特产，但现在一整年不管在日本哪里都买得到。台湾也有卖的！它含很多的多元酚（红酒中所含的多酚类），有促进新陈代谢的效果！那么就用这种菜来做料理，另外，再加入对身体好的菜——“山药”与“梅子”，做成一道很爽口的简单沙拉！

做法

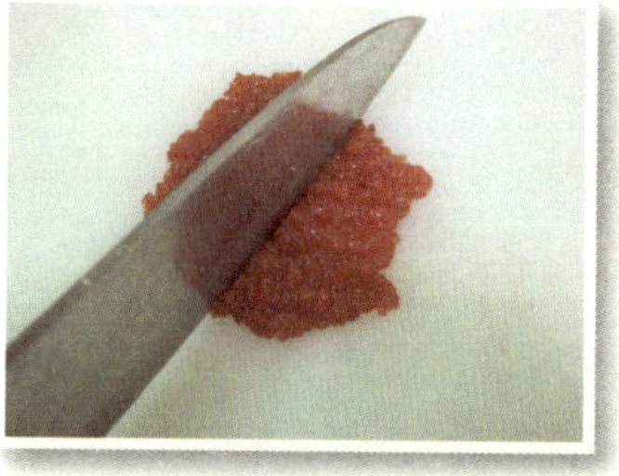

1 梅子里的子拿掉，用刀打成泥。
＊梅子的量要看它的咸度。若不是很咸的话，量可以多一点。

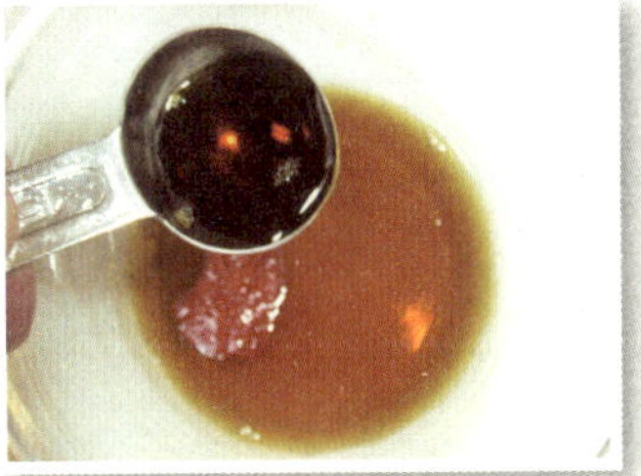

2 把梅子、日式柴鱼酱油放进碗里。

3 慢慢加入色拉油，同时用打蛋器搅打均匀。

＊一次不要加太多油，油水会分离！

4 山药切条，备用。

5 京水菜先洗好，再切成容易吃的大小。

＊注意！切段后不要洗，蔬菜的切面会流失营养！买不到京水菜可用菠菜代替，豆苗也很不错！

6 将山药、京水菜放进碗里，加入步骤3的酱汁。

7 撒一点白芝麻，拌一拌。装盘，上面放些海苔丝。

Tofu Hamburg steak

低热豆腐柔软汉堡肉和日式酱

4人份

材料

板豆腐 firm tofu——400g
洋葱（切末）chopped onion——1/2个
葱花 chopped green onion——适量
面包粉 bread crumbs——3~4杯
鸡蛋 egg——1个
盐 salt——适量
白萝卜泥 daikon paste——适量
海苔丝 shredded seaweed——适量
色拉油 salad oil——适量

[日式百菇酱]
香菇 shitake mushroom——1朵（切丝）
金针菇 enoki mushroom——1/4包
酱油 soy sauce——2大匙
水 water——2大匙
清酒 sake——50mL
味霖 mirin——2大匙
水淀粉（淀粉:水=1:1）starch:water——适量

*每家酱油的咸度不一样，自己试一下味道后再做调整。

我已经介绍过很多汉堡肉的料理，还要做吗？要！这次要做很健康的汉堡肉。有人要减肥，或不吃肉，但还是要吃汉堡肉，那么这份食谱就很适合！有的豆腐汉堡肉会用到一点绞肉。这次做的，完全没有肉！味道如何？它非常柔软，豆腐很香，宝宝也可以吃。淋上日式百菇酱，即可享受丰富蔬菜的风味！

做法

1 板豆腐压一下，挤出水分。

2 洋葱炒到变成浅咖啡色后，冷却。

＊确认洋葱已炒好，由于板豆腐的口感非常软，洋葱也要炒到变软。

3 板豆腐、洋葱、葱花、面包粉、鸡蛋、盐放进钢盆中。

＊可以加一点酱油、香油、姜末……依照你所喜欢的口味。但这次，我想要享受豆腐的原味，所以没有加太多调味料。

4 用手搅拌，和成团。

＊一开始，可能会感觉有一点太水，因为刚刚加的面包粉，还没完全吸收到豆腐的水分，等一下就会变硬一点。如果还是太水，再加点面包粉。

5 手上涂一点色拉油，将面团做成椭圆形。

6 放入油锅中，以中火煎到呈金黄色。

7 翻面，盖上锅盖，用小火继续煎。

＊这些材料都可以生吃，所以不需要煎很久，只要让鸡蛋液凝固就好了。

8 将除水淀粉外的“日式百菇酱”的材料混合在一起，用中火烹煮。

＊材料都会变软，边煮边试味道，如果太咸就再加水。

9 加一点水淀粉勾芡。酱料煮好后淋在汉堡肉上，上面再放一点白萝卜泥、海苔丝。

Cheese Baked Daikon cake

"矶边烧风"萝卜糕

1人份

材料

- 萝卜糕 daikon cake——4~5片
- 酱油 soy sauce——1小匙
- 比萨起司 pizza cheese——80~100g
- 白砂糖 sugar——1/2小匙
- 奶油 butter——2小匙
- 海苔片 seaweed——4~5片

大家喜欢吃萝卜糕吗？日本人叫这个东西大根，就是"白萝卜"。我第一次吃到这种料理时，好感动，（T_T）因为太好吃了！而且，热量没有日本麻薯（年糕）那么高。"矶边烧"就是一种年糕的吃法，是把年糕用海苔卷起来，沾酱油吃。我改良了一下，加一点西式材料——奶油和起司。很嫩的萝卜糕，烤得金黄色香香的起司，与酱油、奶油的绝妙搭配。搭配海苔的海鲜味，很好吃！步骤简单，素食者、小朋友都很适合！试试看！

做法

1 把在超市或市场里购买的普通萝卜糕，切成四方形。

2 放入油锅中煎至双面呈金黄色。看起来已经很好吃的样子。(¯—¯)

3 加入少许酱油使其入味。萝卜糕煎好之后，放在锡箔纸上。

4 将比萨起司放在萝卜糕上面。

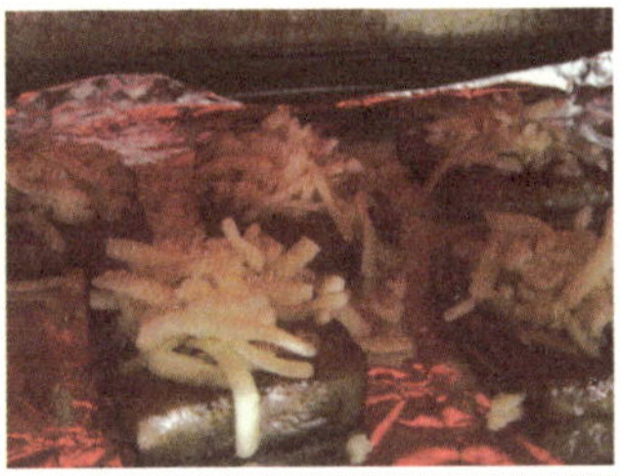

5 放进烤箱，以上火200℃烤到呈金黄色。

6 将奶油、白砂糖放在锅里煮至熔化，倒入酱油，再加热一下，看到变浓稠后熄火。

＊因为里面有白砂糖和奶油，所以不要煮太久，否则它们会分离。

7 撕海苔，撕成像图片上一样。

8 将烤好的萝卜糕放在海苔片上面，淋上步骤6的酱汁。

Sauteed curry croquette

省油！咖喱起司可乐饼

3人份

材料

- 土豆 potato——2个
- 洋葱（切碎）chopped Onion——1/4个
- 牛绞肉或猪绞肉 ground beef or pork——150g
- 盐 salt——适量
- 胡椒粉 pepper——适量
- 咖喱粉 curry powder——3小匙
- 牛奶 milk——50mL
- 起司片 sliced cheese——3片
- 面粉 flour——适量
- 鸡蛋 egg——适量
- 面包粉 breadcrumbs——适量
- 猪排酱 tonkatsu Sauce——适量
- 卷心菜（切丝）cabbage——适量
- 色拉油 salad oil——适量

日本卖的可乐饼有很多种口味，现在，台湾卖的口味也越来越多。你喜欢哪一种？可乐饼基本分为两种：土豆和奶油白酱，这次以土豆为基础做成咖喱口味的。咖喱可乐饼的步骤有很多种。日本人在家常常做咖喱饭，做得很多，吃不完，就将剩下的加一点土豆做成可乐饼。当然你不需要事先做咖喱饭，用咖喱粉也可以做出非常好吃的可乐饼！还有，我还加入了起司……

做法

1 土豆切小块，放入水中煮熟。

＊原本的步骤是土豆不削皮，直接一整个蒸，但我家没有蒸笼，而且一整个蒸要花很多时间，需要燃烧很多煤气！

2 滤掉水分后，用土豆打碎器或空瓶子把土豆打碎。

3 洋葱炒到变透明时再加入牛绞肉或猪绞肉。

4 等肉炒熟了以后，加点盐、胡椒粉、1/2大匙面粉搅拌。

＊为什么加面粉？因为等一下要加咖喱粉和牛奶。我先做浓稠的咖喱酱，所以先加粉类，再加水，这样面粉才不会结粒。

5 加入咖喱粉炒一下，把香味炒出来。

＊咖喱粉的品牌有很多，看你使用的咖喱粉需要多少，自行调整。

6 加入牛奶，再煮一下。

7 将步骤2的土豆泥与步骤6的肉酱混合。再尝一下味道。

＊土豆很能吸收盐分，如果不够咸，再加多一点。

8 我这次要加起司，所以先将土豆泥做成椭圆形薄片，起司放在中间。

9 另一片土豆薄片放在起司上。将起司完全包裹起来。

＊里面不能有空气。因为只要有一点点的空气，油炸的时候就会膨胀破裂！

10 沾面粉。拍去多余的面粉。

＊面粉沾太多的话，油炸的时候，面衣容易掉下来。

11 沾鸡蛋液，尽量使用锅铲沾。

＊为了使动作顺畅，先决定你的哪只手摸湿的，哪只手摸干的。若同时使用两手沾面粉，沾鸡蛋液，你手上的皮会越来越厚！不好处理……

12 沾面包粉。把面包粉稍微压一下，使其完全黏到表面。

13 沾好，放置一会儿。让面衣稳定粘上去。

＊做多一点，存放在冷冻室也是好主意！

14 锅里加入1.5～2cm的色拉油。

＊点火，等到适合的温度。筷子放进油锅后，浮出很细的泡泡，表示温度已经差不多了（170～180℃）。

15 用锅铲将可乐饼慢慢放入。先将一面炸到金黄色后，再翻面继续炸。

＊因为，油很少。万一你的可乐饼破裂了一点，没关系，还可以继续。如果用很多油炸的话，破裂的部分会越来越大，里面的起司都会跑出来。

16 可乐饼炸好后，放在纸巾上，吸收油分，摆盘。淋上猪排酱(牛排酱也可以)，再放上卷心菜丝即可。

Butter sauteed mushrooms salad

温制百菇日式沙拉

1人份

材料

香菇——1朵
shitake mushrooms
秀珍菇——4~5朵
oyster mushrooms
杏鲍菇——1/2个
abalone mushrooms
芦笋——4~5根
asparagus
奶油——适量
butter
酱油——适量
soy sauce
生菜——3~4片
roman lettuce
圣女果——5个
mini-tomatoes
海苔丝——少许
shredded nori

[基本日式沙拉酱]
酱油 soy sauce——1大匙
醋 vinegar——1/2大匙
味霖 mirin——1大匙
黑胡椒 black pepper——少许
黄芥末 mustard——1/4小匙
盐 salt——适量
色拉油 salad oil——1大匙

沙拉一定要凉的吗？其实法国料理中有很多沙拉是温的。如烤鸭胸肉沙拉、煎鹅肝沙拉、奶油酱海鲜沙拉……我这次想用GI（升糖指数）值低的材料，如菇类的热量很低，搭配日式沙拉酱做成风味丰富的温制沙拉。

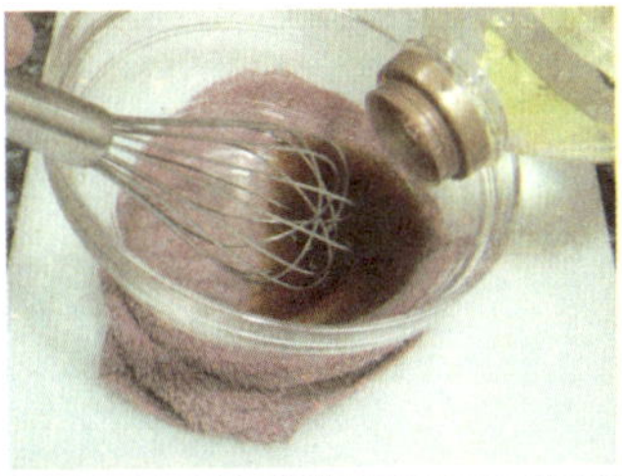

1 将“基本日式沙拉酱”（色拉油除外）的材料放入碗里，一边搅拌一边慢慢加入色拉油。

＊一个人同时做这两样动作有一点难而且不习惯。可以像图片示范的一样，把抹布卷起来做一个圈，让碗“坐”在上面。

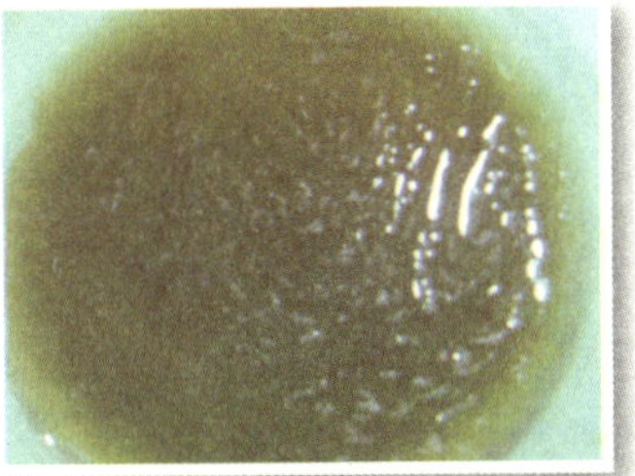

2 打好让它乳化，变成像图片所示的样子。

＊比例可以自己修改。这种基本酱汁可以加很多东西，芝麻、香油、梅子肉泥、切末的紫苏叶、芥末、黄芥末，你想加什么，就加什么！在台湾，也可以试着加一点肉松！

3 芦笋放入沸水中焯一下。

4 锅中放一点奶油，放入菇类、芦笋拌炒，加一点酱油，让蔬菜入味。

＊炒的时间不要太长，保留一点脆脆的口感。

5 生菜、圣妇果切好后装盘，加上步骤4炒过的蔬菜，淋上步骤2的酱汁，在上面放一点海苔丝。

Edamame Morning Set

野菜优等生和早餐必需品：非常毛豆套餐

2人份

材料

[毛豆汤]

- 毛豆仁 edamame——80g
- 菠菜 spinach——1/2把
- 牛奶 milk——50mL
- 鸡汤块 chicken stock cube——1/4块
- 鲜奶油 whipping cream——2大匙

[毛豆松饼]

- 松饼粉 pancake mix——100g
- 鸡蛋 egg——1个
- 毛豆泥 edamame soup——60mL
- 牛奶 milk——300mL
- 毛豆 edamame——20mL
- 色拉油 salad oil——适量

有时起床后，我会突然想吃松饼。但松饼的营养价值不高，而且早餐应该要吃营养丰富的料理。上次我买的毛豆，其实是夏季蔬菜，但由于现在冷冻技术发达，一整年都可以享受得到。它是一种很健康的食材，含优质蛋白质、能恢复疲劳作用的维生素B_1及具有回春作用的维生素E，还可以降低胆固醇，改善更年期症状，并预防骨质疏松症。好天然的营养补给品！不但营养高，味道也很好。最一般的步骤是直接煮，快熟时撒上点盐吃，平常晚上配酒。（*¯—¯*）这次来做做毛豆套餐！

做法

1 我买的是“冷冻毛豆仁”。

＊这次选择没有豆荚的。毛豆可以使用有豆荚的，或新鲜的!

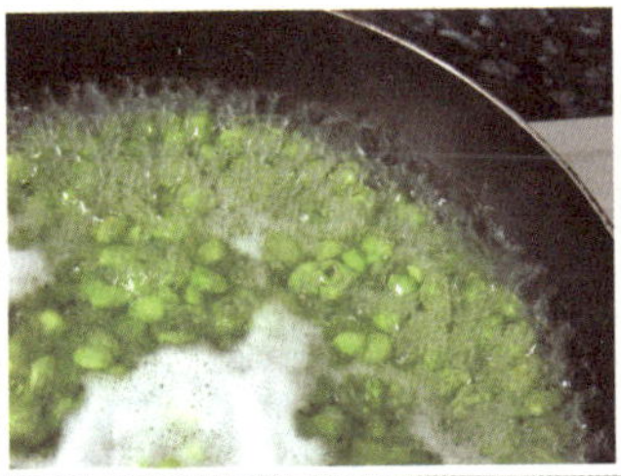

2 放入热水里焯一下。

3 毛豆仁焯过后留下20g备用（煎松饼会用到），剩下的则放进果汁机里，也可以加一点烫好的菠菜与牛奶，一起打成泥。

＊不一定要加菠菜，因为我希望颜色绿一点。

4 在碗里留60mL毛豆泥，待会儿做松饼会用得到。

5 将剩下的毛豆泥倒入锅里，加入热水和鸡汤块。尝尝味道。

＊太浓=加水或牛奶；不够咸=加盐；想要增加一点风味=加奶油或鲜奶油。

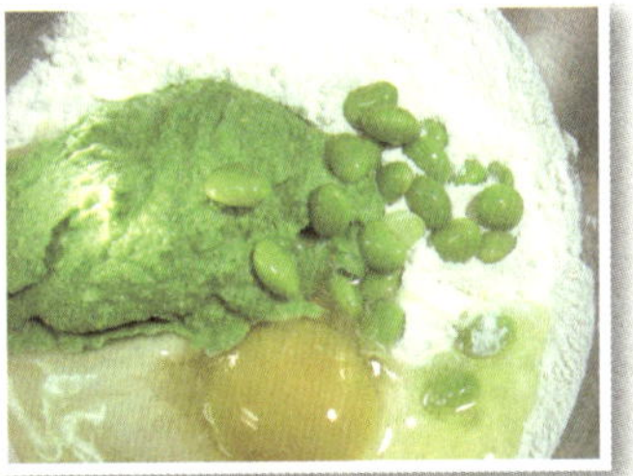

6 将松饼粉、毛豆泥、毛豆、鸡蛋、牛奶混合拌匀。

＊看看你用的松饼粉包装上标示的比例。因为多加了一种材料（毛豆泥），所以水分（牛奶）要少一点。

7 开始煎松饼。平底锅里涂点色拉油，开小火，从高一点的地方用汤匙把步骤6的混合材料自然滴入锅中。

＊不需要用汤匙调整形状，它会自己散成圆形。

8 等松饼旁边开始干了，表示时间差不多了，可以翻面了。哦，很绿!

Stir fried Kimpira Gobo

纯日式家庭料理——炒牛蒡丝

2人份

材料

牛蒡 burdock root——200g
胡萝卜 carrot——50g
辣椒（切片） chili pepper——1/2根
香油 sesame oil——1/2大匙
色拉油 salad oil——1/2大匙
白芝麻 white sesame——适量（装饰用）

[金平牛蒡酱]
酱油 soy sauce——3大匙
清酒 sake——1大匙
味霖 mirin——1大匙
白砂糖 sugar——1大匙
水 water——2大匙

*请注意！调味料每个牌子味道稍微不一样，根据上面写的参考比例，再自己调一下！

牛蒡可以说是纤维之王，大家都知道现代人很需要摄取粗纤维。我发现，牛蒡的减肥效果是很不错的，因为它很脆，需要嚼很久才能吞下去，一口一口吃会花很多时间，没有吃多少已经有吃很多的感觉，热量只有一点却很有饱腹感！而且因为纤维的作用，把你肠子里的垃圾清理得干干净净！对啦！还有，它凉着吃也很好吃，所以作为便当菜也很适合哦！

做法

1 牛蒡不需要削皮，用刷子或百洁布（像洗碗时使用的绿色那面）刮表面就好了。

*为什么不削皮？因为牛蒡营养最多的部位就在皮与皮下面的部分（胡萝卜也是）。如果需要去皮的话，可以用刀背或把锡箔纸弄皱再刮就可以！

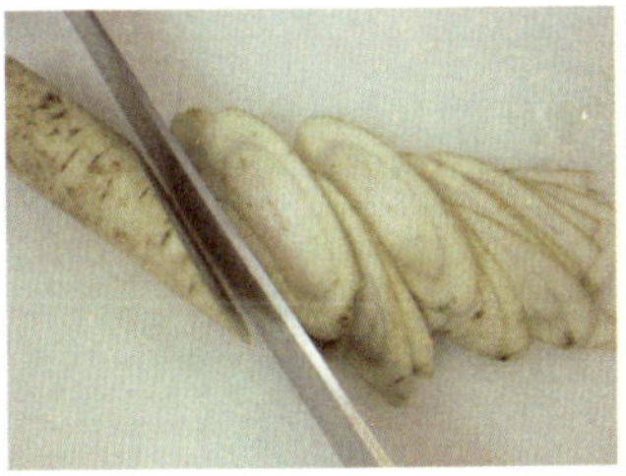

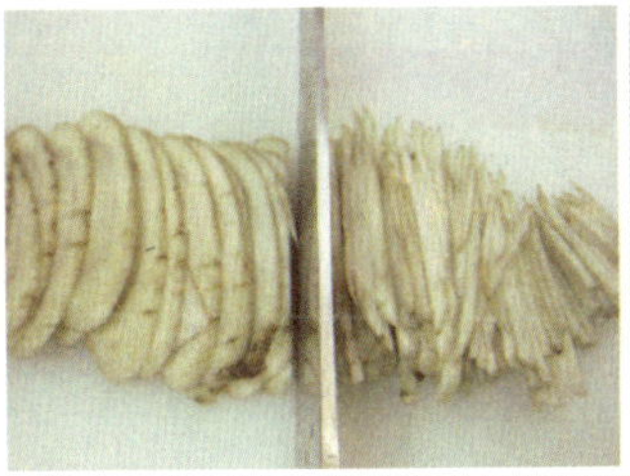

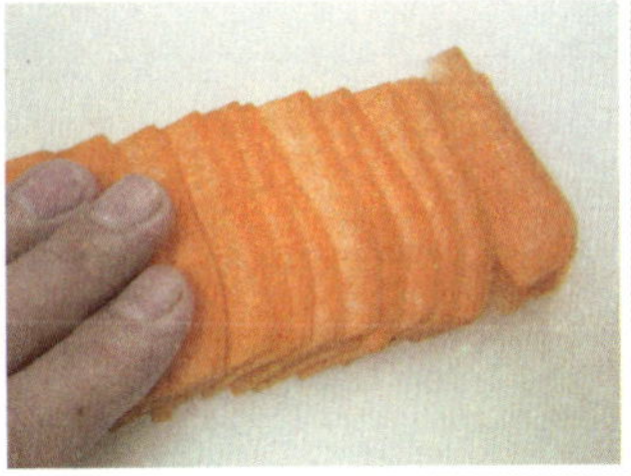

2 牛蒡斜切成薄片。

＊牛蒡容易变色，一下子就变黑。如果想轻松地慢慢切的话，切几片就泡水，重复这个动作。全部切好，再做下一个步骤！

3 牛蒡片排好，再切丝。切完放在水里，泡水。

4 胡萝卜也是一样。切薄片，排好，切丝。

＊不用泡水。

5 锅里放入香油与色拉油，开火，放入辣椒，炒一下。

＊注意！图片上的辣椒太多！我吃的时候一直哭（太辣），只要放到你喜欢的辣度就可以了。

6 牛蒡放进网子里沥水。沥干水分后，再将牛蒡放入锅里，用大火拌炒。

＊如果要加肉的话，可切成肉片或肉丝，牛蒡炒好后再加进去炒。

7 炒到牛蒡变软一点，放入胡萝卜继续炒。

8 加入已经混合好的“金平牛蒡酱”，用小火继续煮到你喜欢的硬度。

9 火再开大一点，拌一拌让酱料与菜混合均匀，撒一些白芝麻做装饰。

＊如图片所示，保留一点汤汁，不要完全炒干，保持亮亮的样子。这个亮亮的是味霖里糖分的效果。

小贴士

我多做了一些，刚好冷冻室有以前多做的米汉堡米片，就顺便做了金平米汉堡！放些卷心菜丝，再淋上一点蛋黄酱。嗯……素食汉堡超好吃的！试试看！

Avocado & Kimchee on tofu

鳄梨和韩式泡菜冷豆腐

1人份（3片）

材料

豆腐 tofu——1/2盒
韩式泡菜 kimchee——50g
鳄梨 avocado——1/2个
日式柴鱼酱油 soba tsuyu——2小匙
葱花 chopped green onion——少许
芝麻 sesame——少许

我不太能吃辣，但很爱吃韩式泡菜。晚上喝一点小酒时，需要下酒的菜。由于在晚上吃，低热量的泡菜蛮适合的，但它太辣！利用豆腐和鳄梨把辛辣的口味变温和。晚上吃宵夜，不用太麻烦吧！吃喜欢的东西，喝喜欢的饮料，听喜欢的音乐，或看电视，享受“秋的夜长”吧！

做法

1 把豆腐切片。

2 韩式泡菜放在盘中，用刀切一切。

3 鳄梨切片，装盘，上面淋一点日式柴鱼酱油，撒上葱花、芝麻。开心吃吧！ ヽ(' ▽ ')/~♪

韩式泡菜萝卜糕

Stir fried Daikon cake with Kimchee

1人份

材料

萝卜糕 daikon cake——1/4片
香油 sesame oil——1/2小匙
韩式泡菜 kimchee——100g
四季豆 green beans——5~6根
海苔丝 shredded seaweed——少许

有一种韩国泡菜，是用萝卜做的，味道与白菜做的泡菜一样。那么我就来做一道萝卜糕与韩式泡菜所组合的一品创意意大利面吧！

做法

1 把萝卜糕切成宽面条状。

2 锅中放入香油，开火，放入萝卜糕拌炒。

3 加入韩式泡菜，继续炒。

4 四季豆先焯一下，也放入锅中一起炒，装盘，撒点海苔丝作为装饰。

＊我觉得泡菜已经很咸了，所以没加什么调味料。先尝味道，不够咸再加点酱油。

Home made Ratatouille

夏季野菜全集合！简单法国料理普罗旺斯焖菜

6人份

材料

- 茄子 eggplant——1条
- 西葫芦或丝瓜 zucchini——1/2~1条
- 红甜椒 red pepper——1个
- 黄甜椒 yellow pepper——1个
- 洋葱 onion——1个
- 番茄（罐头）canned tomato——1罐
- 蒜 garlic——2~3瓣
- 橄榄油 olive oil——适量
- 盐 salt——少许
- 胡椒粉 pepper——少许
- 香草 herbs——少许
- 法国面包 french bread——1条

之前有一部电影叫《料理鼠王》，电影中，老鼠做的料理就是这道菜（只是摆盘不一样）。为什么 MASA现在才做这道料理呢？因为这道菜最适合在夏天吃，番茄、茄子、西葫芦，都是夏季的蔬菜。步骤很简单，没用到什么肉，是一道营养丰富的菜，浓厚的番茄口味已经很有满足感！这道菜很好用，可以变成酱，可以做成意大利面、派、千层面，等等，只要多做一些冷冻保存就好了！

做法

1 除了蒜以外，蔬菜全部切成1～2cm的小块（番茄罐头也要切）。

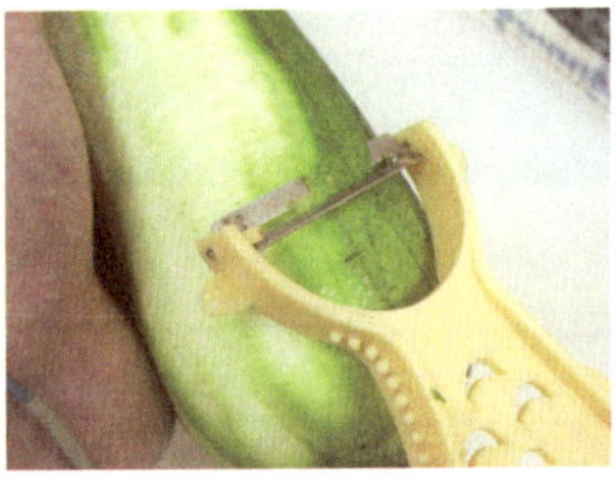

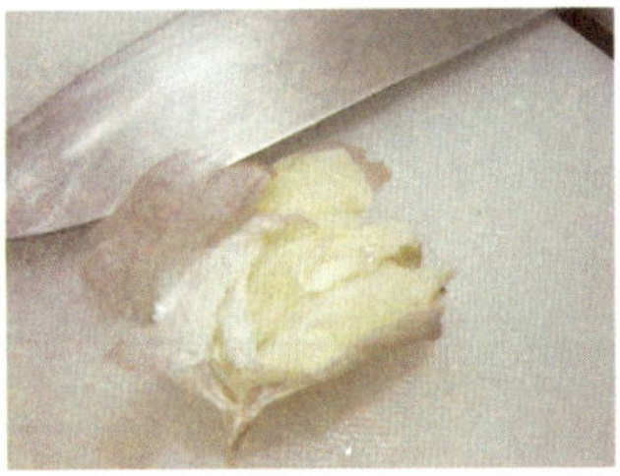

2 因为买不到西葫芦，所以改用丝瓜。皮看起来有一点厚，用削皮刀削掉，再切。

3 蒜不用切，连皮直接拍扁后，再去掉皮比较快。

4 锅里加入橄榄油，放入蒜后，再开火。

＊蒜很容易焦黑，放入冷油后，再一起加热，慢慢升高温度，炒出蒜的香味！

5 等蒜的香味出来了，先放入茄子、丝瓜，大火炒。

＊茄子、丝瓜像海绵一样，很能吸油，先让它们吸收油分，所以用大一点的火，让外皮微焦会比较香。

6 再放入洋葱，炒到透明。

＊不需要再加油，把茄子、丝瓜里的油逼出来。

7 再放入红、黄甜椒，继续翻炒。

＊不要把它们烧焦，留意它们的颜色！

8 再加入番茄、盐、胡椒粉与香草，用小火煮10分钟左右。先试试红、黄甜椒，建议稍微保留其脆脆的口感，熄火。搭配切片的法国面包食用。

小贴士

这道菜是热的或凉的都可以食用的料理。放在法国面包上吃=早餐；跟意大利面一起吃=午餐；放在千层面中间，撒上比萨起司烤=晚餐；放在饼干上面吃=下酒（红酒）菜。一整天都可以享受！

当然可以冷冻保存！慢慢吃！ (*¯_¯*)

Japanese Yam & Okura on tofu appetizer

简单！山药和秋葵养身凉豆腐

1人份

材料

秋葵 okura——2根
盐 salt——少许
山药 chinese yam——1块（2cm厚）
＊其他种类的山药不适合生吃。不然就是购买时，问问店家是否可以生吃。^^
嫩豆腐 silk tofu——1/2盒
海藻（干燥）seaweed——1/2小匙
日式柴鱼酱油 soba tsuyu——2小匙
芥末酱 wasabi paste——少许

日式凉豆腐，步骤很简单。把豆腐切块，上面放姜末、柴鱼片，再淋点酱油就可以了。这次介绍的则多加了一点养生的材料，均衡一下！白天吃，或晚上喝点小酒（日本清酒）作为配菜吃，很幸福哦！（*¯—¯*）

做法

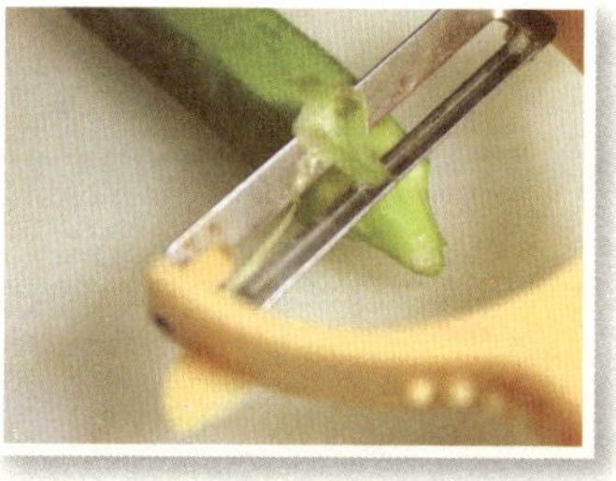

1 秋葵的头，本来可以拿刀子用削铅笔的方式削，但是，不好弄，我用削皮器试试看，可以哦！

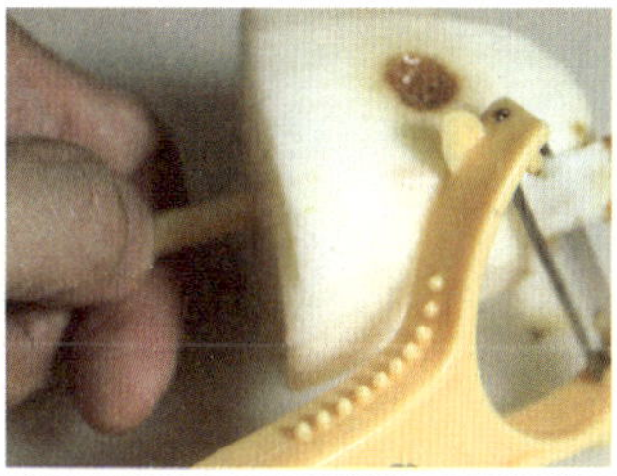

2 秋葵表面有毛，可放在砧板上面，撒些盐像图片示范的一样滚动，去掉毛。

＊这是最简单、最快捷的去毛方式。而且，这样子用盐刺激表面，等一下焯时可维持秋葵的绿色。

3 煮一锅开水，将秋葵放进去焯一下，捞出后放进凉水里冷却一下再切片。

＊不用煮很久！

4 山药削皮。

＊如果用的是剩下一小头的山药不好削皮，因为山药很滑，可插进筷子再削皮！

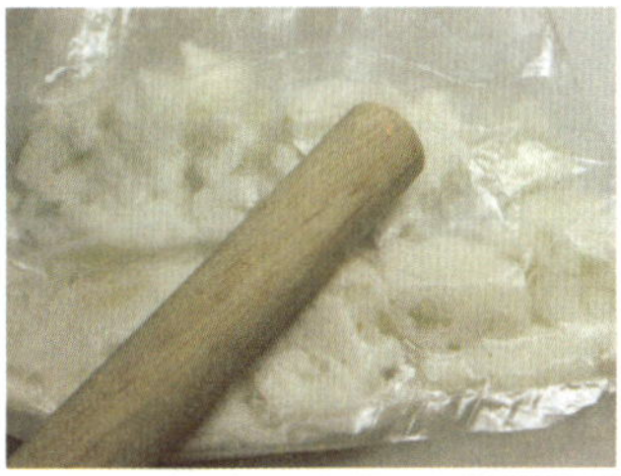

5 将削好的山药放在塑料袋里，用擀面杖、棒子或瓶子（随你便）打成粗的泥。

＊不要太细，保留一点小块的口感比较好。可加一点白醋避免山药变色！因为只加一点点，不会影响到山药本身的味道。

6 豆腐切块，放在盘子上。

7 将充分泡水的海藻放在豆腐上面。

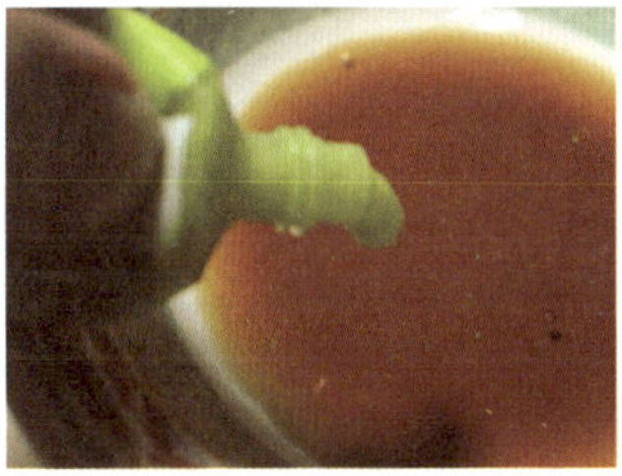

8 日式柴鱼酱油加一点芥末酱，混合调匀。

9 将步骤5的塑料袋切掉一角，挤出山药泥，放上秋葵，再淋上步骤8的酱汁。

Kimchee potato gratin

不用怕辣！韩式泡菜焗烤土豆

2人份

材料

白酱 white sauce——150mL

＊做法参见P.18鲑鱼芦笋焗烤螺丝面。

＊白酱可以冷冻吗？当然可以！不用麻烦地每次都重做，多做一点放在冷冻室里。懒人万岁！

韩式泡菜 kimchee——100g

土豆 potato——1个

比萨起司 pizza cheese——60g

做法

1 先准备白酱吧！好家伙！上次多做的白酱还放在冰箱冷冻室，拿出来放入锅里。

2 一开始，它会出现一些颗粒状。

3 开小火，慢慢加热，用打蛋器搅拌至如丝绸般光滑！

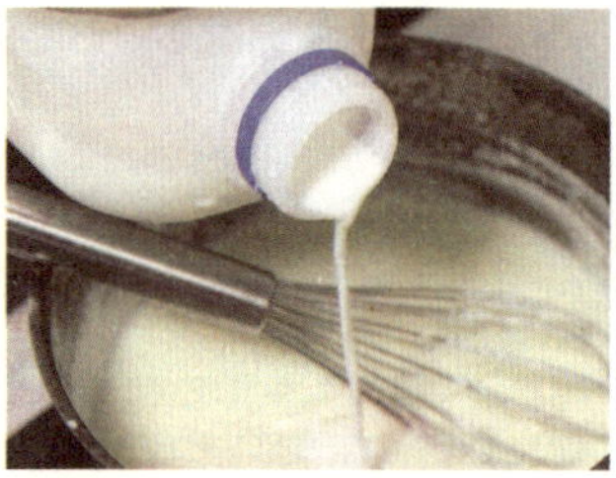

4 如果觉得太浓，可以再加一些牛奶或水。

5 土豆洗好后，不用擦干，直接用刀在表面（皮）划（切）一圈（不用切太深）。

＊为什么不需擦干？因为土豆在加热时需要一点水分。

6 将潮湿的土豆用保鲜膜包起来，放在微波炉转盘的边缘开始加热！大约2分钟，翻过来再微波加热2分钟。

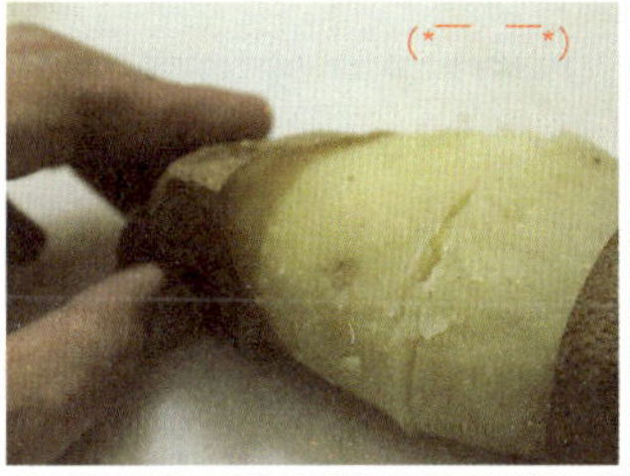

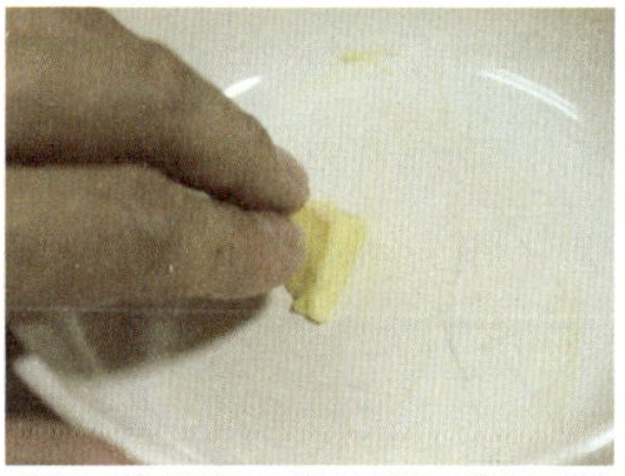

7 去掉保鲜膜，将土豆放入冷水里泡一会儿后，马上拿出来，拉拉土豆皮看看会怎么样？噢，它的衣服瞬间脱光光了！

＊因为皮上已经有切痕。加热以后，再放入冷水，温差的关系使外皮容易滑下来！

＊注意！如果土豆表面有裂开会发芽的情形，效果比较差。

8 准备一个耐热碗，碗里涂上奶油，预防黏焦。

9 把切好的土豆（一半的分量）放进碗里排好（一层）后，铺上白酱。

10 在上面放上一半的韩式泡菜。

11 再排上剩下的土豆片。再铺一层白酱。

12 最后，放入韩式泡菜与比萨起司。

13 放进已预热好（大约200℃）的烤箱，烤到起司呈金黄色。

我曾经介绍过好几种韩式泡菜的料理，但即使这样，我还是想继续研发其他步骤！像这次做的比较偏西式风味，譬如焗烤土豆这道料理很好吃，可有时候吃起来不够过瘾，而且容易腻。但如果加入韩式泡菜，就会有不一样的口味！我不太能吃辣，却喜欢吃韩式泡菜。如果你像我一样，不太能吃辣，那么这道菜也许很适合你！此外，我还介绍了一种很神奇的土豆剥皮法！（￣—￣）

Easy step Kinshi-Egg sheet

锦丝玉子

1人份

材料

鸡蛋——3个
egg

水淀粉——1大匙
starch water

＊淀粉与水的比例为1：1。

色拉油——适量
salad oil

这道菜会很难做吗？只要学会，你就可以变化出很多种菜色！可以放在沙拉或手卷寿司里，若把番茄酱饭包进还没切丝的蛋皮中，就是蛋包饭。其实，这道料理的步骤有好几种，这次介绍一种我觉得很简单的做法。现在开始了！ ＼（^o^）／

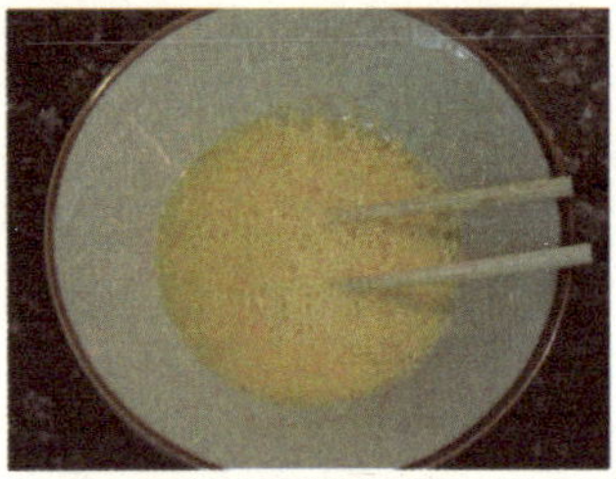

1 鸡蛋液用筷子搅拌后加一点点水淀粉。

＊这样做出的鸡蛋会很有弹性。不容易会破掉。

2 开小火，加一点色拉油。用纸巾擦一下锅。

3 将鸡蛋液倒入锅里，不要太多哦！轻轻摇一下锅，让鸡蛋液均匀地摊在锅里。

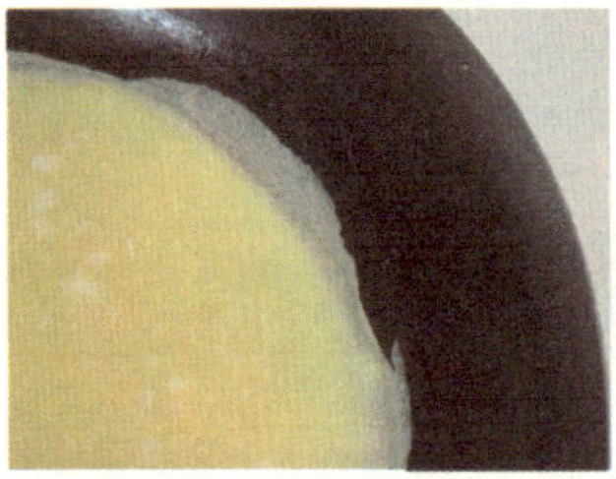

4 煎到蛋液旁边开始卷起来后，关火，等约1分钟。

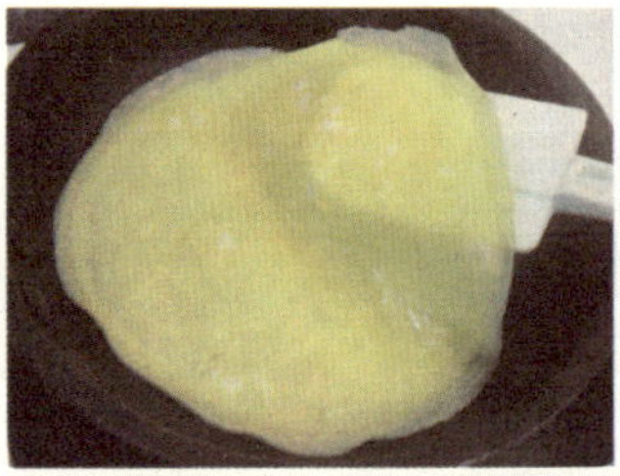

5 确认中间的蛋熟了，利用刮刀（耐热）或木匙将蛋皮翻过来。

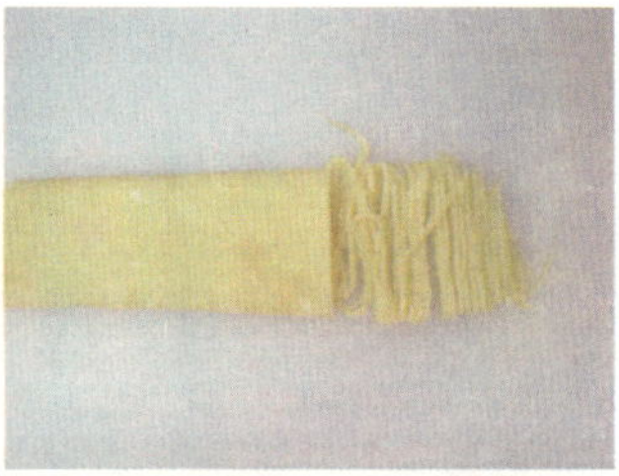

6 放在砧板上，等蛋皮冷却后把它卷起来，切丝。

Part 5

汤品

Soups

almon Miso soup with soy milk / Chicken cream stew / Corn potage / Oden Japanese Pot feu / Miso soup
ised pork stew / Squash potage / Vichyssoise/Potato soup / Mushrooms Miso soup / Kimchee & Pork hot pot

Salmon Miso soup with soy milk

北海道丰富特产！特制石狩豆浆味噌汤

4人份

材料

水 water——1000mL
鲣鱼粉 bonito powder——1小匙
鲑鱼 salmon——2片
土豆 potato——1个
白萝卜 daikon——1块（5cm厚）
豆腐 tofu——1块
豆浆（无糖）soymilk（unsweetened）——1/2杯
味噌 miso——80~90g
葱花 chopped Green onion——少许
盐 salt——少许

做法

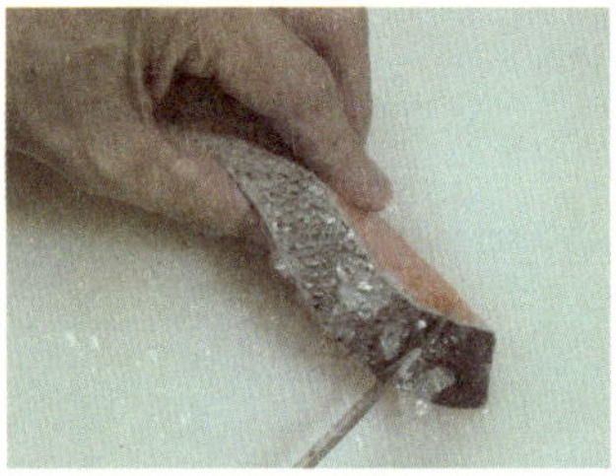

1 刮掉鲑鱼的鱼鳞，在鱼身上撒一点盐，让它脱水。

*最好不要去皮，皮也很好吃。若没有鱼皮，鱼肉容易散开。

2 切成容易吃的大小。

*不要切得太小，鲑鱼很容易熟，而且切得太小，烹煮时鲑鱼肉容易散开。

3 白萝卜切短片，用刀子慢慢地削掉厚一点的皮后，切成容易吃的大小。像图片示范的一样，皮要削的厚一点。

*为什么要削那么厚？因为皮下面有纤维，即使煮很久，纤维还是会留着。如果不会用刀削皮的话，可以用削皮器削多一点（皮和纤维两层）。

4 土豆切成块。

＊不要切太小，太小很容易溶化。

5 备一锅水，放入白萝卜、土豆，从冷水开始煮。

＊煮的时候为什么要分冷水或煮沸的水？大部分在土里长大的菜=从冷水开始煮；在土外面长大的菜=水煮沸再开始煮。

6 等菜差不多软了，再加入鲑鱼。

7 用汤匙捞出浮沫。

8 加入切好的豆腐。

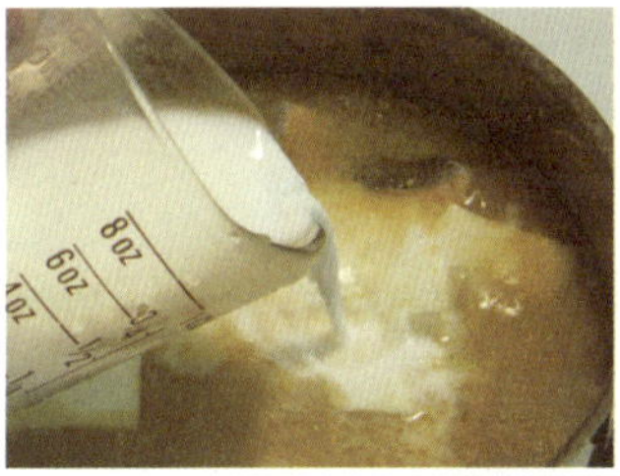

9 加入豆浆（无糖）。

＊加入后不要煮沸！豆浆加在味噌汤里？是的！它们一样都是豆类，很相配的，可添加一点浓味。为什么不要煮沸？豆浆会分离，而且，味噌也不喜欢太烫，味道会消失！温温的就可以了！不习惯？当然也可以不加豆浆！

10 用滤网和打蛋器加入味噌，味噌溶化后将滤网里的碎渣倒进去。最后加入鲣鱼粉、盐调味，撒上葱花。

＊当然也可以用汤匙搅拌味噌使用慢慢溶化。味噌汤配一碗米饭、纳豆、鸡蛋，就是非常健康的早餐！冬天很冷，大家吃一点温暖的东西喽！（^0^）/

天气终于开始变冷了，来吃些温暖的东西吧！大家都知道北海道有很多好吃的食物，其中有一种乡土料理叫“石狩锅”，石狩是河川的名称。一开始是指把在河里抓来的鲑鱼做成火锅。后来，只要是味噌汤底加鲑鱼做的火锅都叫石狩锅。这次介绍的是，天冷时一定要喝的味噌汤，只要再加一些北海道的特产就可以做成营养丰富的早餐哦！

Chicken cream stew

丰富野菜营养满点！鸡肉奶汁白酱炖菜

6人份

材料

奶油 butter——少许
色拉油 salad oil——适量
鸡肉 chicken thigh——500g
胡萝卜 carrots——250g
洋葱 onion——200g
土豆 potatoes——200g
菇类 any kinds of mushrooms——200g
四季豆 green beans——150g
盐 salt——适量
胡椒粉 pepper——适量
面粉 flour——适量
白酒 white wine——适量
水 water——400mL
白酱 white sarle——150mL

＊做法参见P.18鲑鱼芦笋焗烤螺丝面。

“クリームシチュー”（奶油炖）就像日本的味噌汤，任何食材都可以加入，根类、豆类、叶类都很适合。秋天则可以多加一点菇类，享受季节的恩惠。平常做这道菜时我会使用鸡肉，但是，炖或煮很久，鸡肉容易碎掉，只要记住简单的规则，就可以享受热热的炖菜！呼呼～慢慢吃哦！

做法

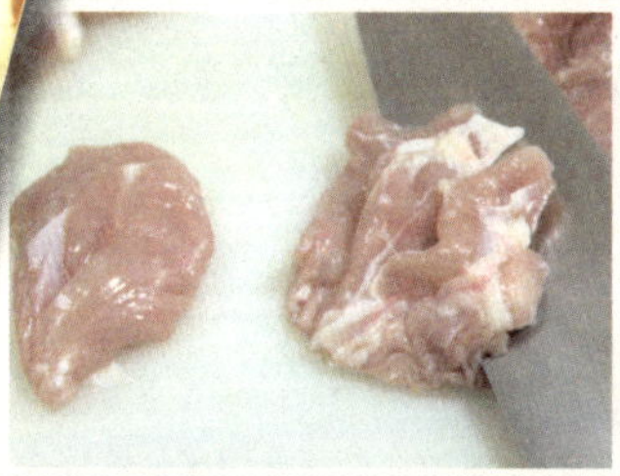

1 鸡肉切成容易吃的大小。
＊切得太小容易煮成碎渣。

2 胡萝卜切滚刀块。
＊它需要很长时间才能熟透，所以可以切小一点。

3 洋葱要切厚一点，要顺纹切。

＊我想要保留洋葱的形状，顺纹切才不会溶化。

4 土豆切块。

＊土豆煮的时候很容易溶化，不要切太小！

5 土豆块泡水，可预防变色。

6 菇类切片。

7 你也可以用撕开的方式把大的菇类撕成小朵。

8 四季豆类先切掉蒂。

9 再斜切成段。

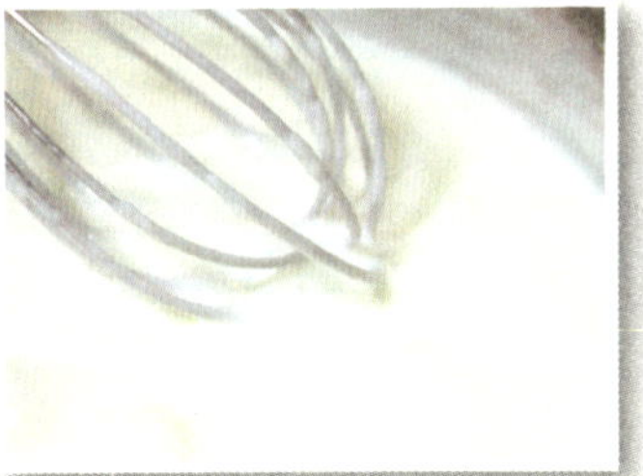

10 白酱用小火加热，准备好。

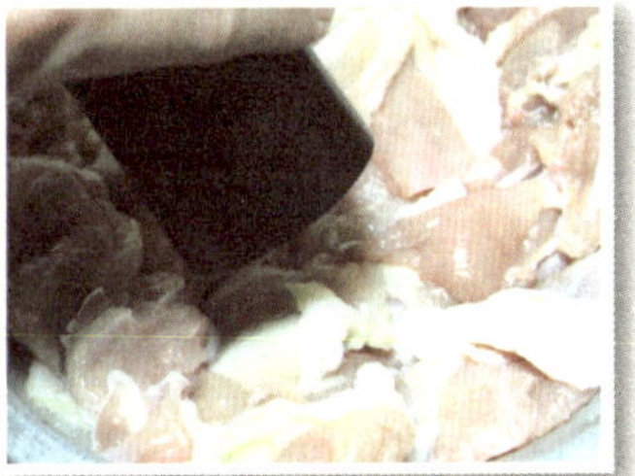

11 切好的鸡肉中撒上盐和胡椒粉。

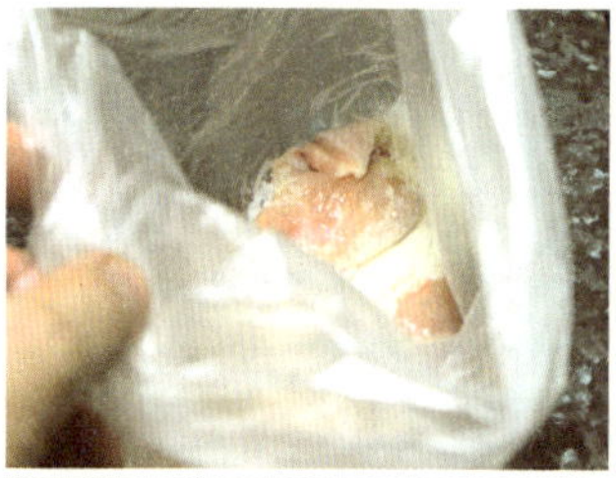

12 将鸡肉放进塑料袋内，撒上些面粉。

＊为什么要沾粉？因为要锁住肉汁。还有，煮得太久，肉会溶化，所以先用面粉做成一层皮。

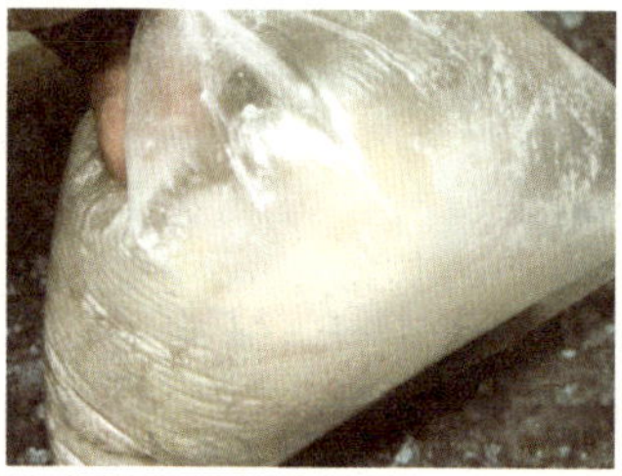

13 握紧袋口摇一摇，使鸡肉表面均匀沾到面粉。

＊塑料袋尽量回收再利用，用纸袋也可以！

14 锅里加入色拉油，加热后，放入沾好粉的鸡肉，煎到表面呈金黄色。煎好后，鸡肉取出来放在旁边。锅不用洗，做下一个步骤。

＊鸡肉下锅后，不要一直搅拌，等它变色后再翻面。

15 放入洋葱，炒到透明，再放入胡萝卜、土豆，将土豆炒到有一点变色。

16 然后加入白酒，煮一下。再加入水。

＊也可以加入鸡汤块。当然，不加也可以！

17 将蔬菜加入到步骤10做好的白酱里。

18 菇类用奶油炒，等香味出来再放入步骤10里。

19 先开中火，用平的木匙搅拌好。锅开了以后，改小火，继续煮到胡萝卜变软。

＊注意锅内底部不要烧焦了，要常搅拌。

20 加入鸡肉、四季豆，用小火继续煮，最后加入盐、胡椒粉调味。

Corn potage

非常玉米浓汤

4人份

材料

玉米罐头——1罐（400mL）
canned creamed corn

牛奶——2杯
milk

[配菜]

面包——4~6片
sandwich bread

奶油——适量
butter

玉米浓汤，听到这个名字，你的想象是什么样的呢？台湾的玉米浓汤和我做的不太一样。我做的很简单，很单纯，不加肉，不加鸡蛋，什么都不加，只有玉米和一点点牛奶。来！大家一起享受“非常玉米”的时间吧！

1 这是我买的玉米罐头。

2 打开玉米罐头，倒进果汁机里。

3 将玉米打到光滑为止（像图片上一样）。

4 准备一个锅，用滤网将玉米汁过滤。并辅助刮刀，将玉米汁过滤干净。

5 加入牛奶，开火，加热。

＊牛奶很浓，可以加一点水，减轻一点口感。若没有牛奶，加水也可以。加热时，玉米里的淀粉很容易粘在锅底，所以记住用平头的木匙常常刮刮锅底。不需要加调味料吗？我觉得它的味道已经足够了，不要故意找麻烦吧！（*‾‾*）

6 将面包去边，切成棒状。平底锅中加入奶油，将面包条煎到呈金黄色。用面包条蘸玉米浓汤吃即可。

Oden Japanese Pot feu

冬天必须的料理！简单关东煮

6 人份

材料

白萝卜 daikon——1条
鸟蛋或鸡蛋 quail eggs——12个
魔芋 konyaku——2包
章鱼（煮好）octopus（cooked）——6只
甜不辣 deep fried fish cake——6片

[日式高汤]
海带 konbu kelp——20g
柴鱼片 kastuo——40g
水 water——2000mL

[调味料]
酱油 soy sauce——4大匙
味霖 mirin——2大匙
白砂糖 sugar——2大匙
清酒 sake——3大匙

做法

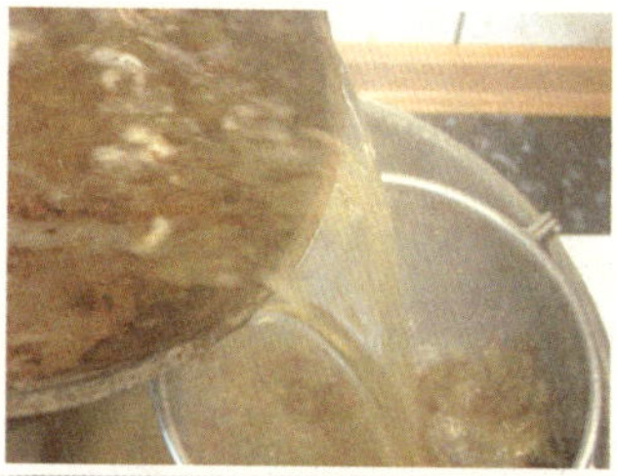

1 海带放进冷水里，以小火慢煮。10分钟后，水刚开要滚之前熄火。用指甲压海带，指甲压得进去表示熟了，取出海带。如果压不进去，加一点水再煮一会儿。

＊为什么不能煮太久？因为煮的太久，海带的黏液、杂汁都会跑出来。这个步骤，只要把海带的风味移到水里就好了。

2 加入柴鱼片，再开火，煮至微滚后马上熄火。等柴鱼片全部沉淀到锅底。

＊柴鱼不需煮的太久，避免煮出腥味。

3 用茶巾或滤网过滤。

＊这就是“日式高汤”，味道很淡，但很香，可用这道高汤做很多料理。不过最近，很多人用鲣鱼粉代替。虽然比较方便，但如果有空，也有材料的话，试试自己做吧！

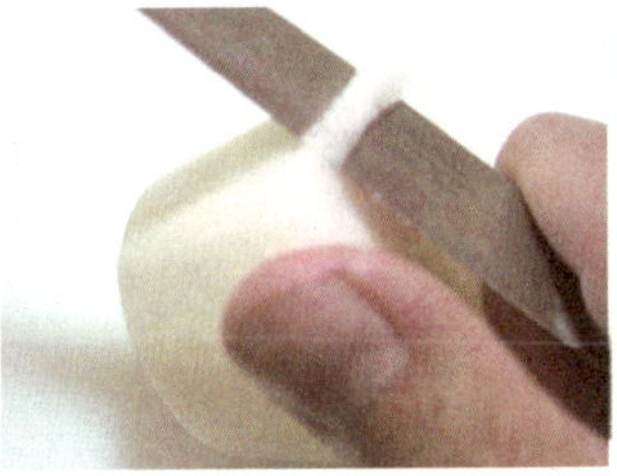

4 将7杯左右的日式高汤加入“调味料”里。

5 白萝卜皮下有纤维，所以用刀子削去皮，削厚一点。

6 用刀将萝卜的棱角削掉。

＊为什么？预防煮的时候碎掉，这个动作，日文叫“面取（Mentori）”。

＊用削皮刀削也可以。

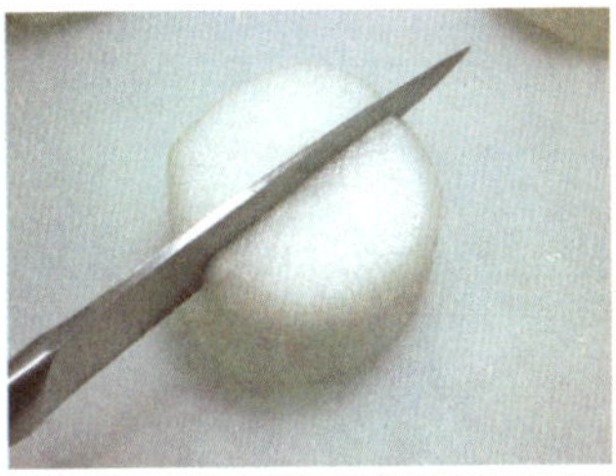

7 用刀在萝卜中间切一刀（勿切断）。

＊这样比较容易入味，用筷子吃时也比较容易切。

8 将切好的白萝卜放入锅中水煮，煮熟后，拿出来冲水后，放入步骤4里，用小火开始煮。

＊先水煮，容易熟，也好入味。如果没有这样做的话，直接放在高汤锅中，味道会差很多！

9 鸟蛋或鸡蛋、魔芋、白萝卜依序放进步骤4里煮。先放入味需时间较久的材料。

＊用鱼浆做的食材（甜不辣那种的）最后放，预防溶化。章鱼（已经煮好）的话，也不要太快放入，它很容易变色，而且也很容易变硬。

10 放入章鱼和甜不辣后，将之前做高汤用的海带绑起来，也放进步骤4里煮。

＊这次做的是最基本的关东煮，当然也可以加入自己喜欢的东西，如米血、豆腐！只要注意每种材料都有适合的烹调时间，不一定煮很久才代表好吃。

今天来介绍道日本的传统料理，台湾叫“关东煮”，夜市、便利商店都有卖的。步骤很难吗？不会！只要好好准备汤底，要吃什么东西放进去煮一下就好了。关东煮各式的材料中，日本人最喜欢是：第1名，“大根”（白萝卜）；第2名，“玉子”（蛋）；第3名，魔芋片。你最喜欢的是哪一种呢？

Miso soup based pork stew

丰富纤维
日本家庭料理
“豚汁”

4 人份

材料

五花肉 pork——120g（鸡胸肉也可以）
牛蒡 burdock root（gobou）——80g
魔芋 konyaku——1包
胡萝卜 carrot——50g
白萝卜 daikon——100g
土豆 potato——1个
洋葱 onion——1个
味噌 miso——90~100g
葱花 chopped green onion——少许
七味粉 seven spices（shichimi）——少许

做法

1 这次用的是五花肉，尽量选择脂肪比较少的部位的肉。

＊用鸡胸肉也可以，它的口感很干，放在味噌汤里面，与菜一起吃，口感比较好！

2 猪肉放入沸水里焯一下马上捞出。倒掉水，再洗一下锅。

＊为什么要烫？是为了去掉猪肉的腥味。

3 牛蒡不需削皮，也不用泡醋水。用刷子或百洁布刷刷表面就好了，然后切成薄片（它不容易熟），马上放入已经装水的锅里（暂时不需开火）。

＊为什么不削皮？因为牛蒡营养最多的部位就是皮与皮下的部分（胡萝卜也是）。加上牛蒡容易变黑，需要泡在醋水里以防其变色，但这样会让营养流失，所以切开后马上放入锅里泡水就好了！而且牛蒡还有美容效果！

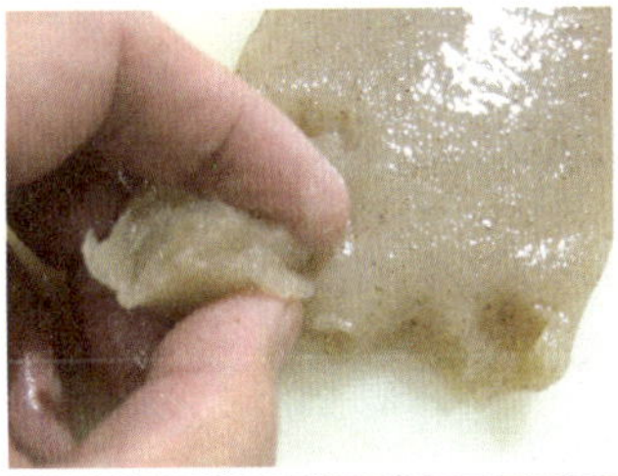

4 用手将魔芋撕成小块，放入锅里。

＊为什么不要用刀切？用手撕=表面积比较多=比较好入味和口感好！

若要减少肉的用量，可多加一点魔芋。它的口感与肉很像！

5 将胡萝卜切成滚刀块。白萝卜、土豆均切大些的滚刀块，洋葱切厚一点的滚刀块。以上材料切好后全部放入锅里。

＊这样子切表面积比较大，容易入味。洋葱、土豆很容易溶化，切大块一点可保持形状。

6 锅中加入切好的蔬菜和焯过的猪肉，加冷水，用大火烹煮。

7 水煮沸后，用汤匙将表面的浮沫捞出。转中火，继续煮30～40分钟，看看菜（尤其是牛蒡）是否已经熟了。

8 等材料都熟了之后，用网子和打蛋器加入味噌（溶化后，将剩下的碎碴倒进去）或是放在汤匙里，用筷子搅一搅让味噌慢慢溶化。稍微煮一下就可以装在碗里，放点葱花，也可以撒点七味粉。

＊味噌的分量每家都不一样，看你喜欢的咸度。加入味噌后，若不煮沸，风味会跑掉。加乌龙面吃也不错哦！

我吃豚汁这么久，最近才发现它是一种很健康的料理，而且步骤很简单。丰富的菜类+魔芋=很多纤维（它是打扫你肚子里垃圾的专家）。还有猪肉，吃猪肉不会胖吗？不一定！猪肉里面含有丰富的维生素B_1，可促进糖质代谢=比较容易消耗掉身体里的热量，而且蛋白质很多。运动后吃一点，既美味，又健康！

Squash potage

非常南瓜浓汤

4 人份

材料

南瓜 squash——400g
洋葱 onion——1/2个
奶油 butter——适量
牛奶 milk——200mL
水 water——200mL
盐 salt——少许
胡椒粉 pepper——少许
鲜奶油 cream——少许

南瓜，是我很爱吃的一种食材，我曾经做过好几种南瓜料理，既健康，又好吃。这次介绍的是一道非常简单的基本南瓜料理——南瓜浓汤！味如其名，很浓醇。它不是汤，而是浓汤。所以一起来享受这道口感特别不一样的汤吧！

做法

1 南瓜先切成容易处理的大小，用汤匙把子刮出来。

2 用削皮器削皮。

＊如果你买的南瓜很硬（像日本南瓜），可先用微波炉热一下或蒸一下，把皮弄软一点，再处理。

＊皮和皮下面的瓜肉含有很多营养，留下一点没关系。

3 将南瓜、洋葱，分别切成薄片。

4 在锅里加一点奶油，开火，开始炒洋葱，等洋葱变成透明状（炒出甜味）后，再放入南瓜。加水，煮到南瓜变软。

5 将步骤4中的洋葱和南瓜放入果汁机中，打成泥。

*确认温度在40℃以下。温度太高的话，盖子会飞出来！很危险！可再盖上放块湿布压好，防止蔬菜泥喷出来。

6 将打好的蔬菜泥倒回锅里。加入牛奶，以中火加热，加入盐、胡椒粉调味。如果味道不够，也可以加一点鸡汤块。

*不一定要用200mL的牛奶，加多一点或少一点都可以。可依自己的喜好调整浓度，加一点鲜奶油也很香！

7 将面包切成小丁。

8 锅里放点奶油，放入面包小丁，小火煎成金黄色。

*正式的步骤是用烤箱慢慢地把面包烤得像饼干一样脆。但用这种步骤效果也不错！或把法国面包切薄烤一下，做成脆片也很好！

小贴士

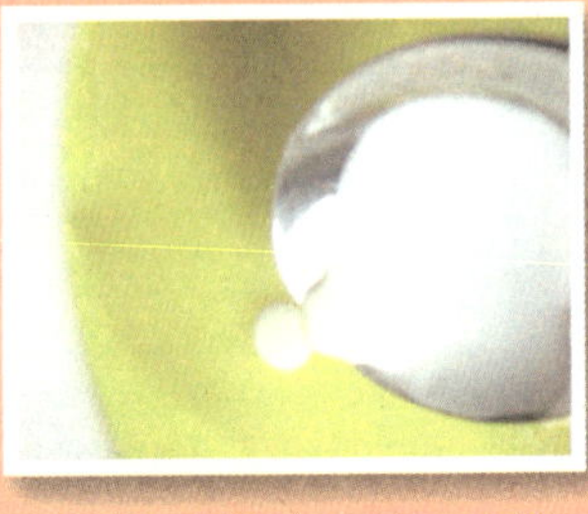

1 怎样画爱心呢？滴一点鲜奶油，用牙签刮中间。

2 往两边画成心形，汤汁太稀（水）的话，比较难弄，且因为受重力的影响会沉下去。

Vichyssoise/Potato soup

不怕热！爽口、爽快，冷制土豆汤

4 人份

材料

土豆 potato——200g
洋葱 onion——30g
奶油 butter——适量
水 water——200mL
鸡汤块 chicken stock——1/4个
牛奶 milk——300mL
鲜奶油 whipping cream——适量
菠菜 spinach——适量（不加也可以）
盐 salt——少许
胡椒粉 pepper——少许

天气热的时候，想吃（喝）一点爽口的东西吗？这次利用土豆来做一道法国料理“冷”浓汤。冷的汤好喝吗？土豆的风味、洋葱的甜味，使它们的组合非常搭配！

你一定会吓倒，原来可以这么顺口地喝浓汤。个人推荐把这道浓汤当成前菜，接着吃主菜，这种吃法可是正式的法国料理！而且先摄取土豆，会让你有饱腹感，接下来的料理就会吃得比较少，可避免吃太多！

做法

1 土豆去皮后切成薄片。

2 洋葱以逆纹切片。
＊为什么逆纹切？因为这样切，比较容易激出洋葱的甜味。

3 锅里放一点奶油，加入洋葱，把洋葱炒到变成透明状。

*这个步骤可以把洋葱的甜味激出来。如果怕油，略过步骤3，直接跟土豆一起煮也可以。

4 放入土豆薄片，再加入水和鸡汤块。盖上锅盖，将土豆煮到熟烂。

5 将煮好的土豆与洋葱倒入碗里，但现在很烫，要稍微放凉后再放。

*因为等一下要放进果汁机打，如果太热，果汁机一开始搅打就会爆开，很危险！等稍微凉一点再打！

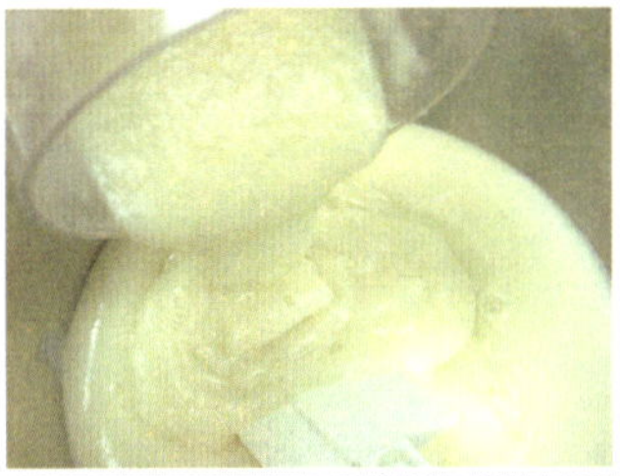

6 将打好的蔬菜泥放入碗里。隔凉水冷却。

*如果没有果汁机，用网子过滤也可以！

7 加入牛奶、鲜奶油与盐、胡椒粉调味。

*如果觉得还太浓，再加点牛奶。可以用无糖豆浆代替牛奶。也可以用相同的步骤制作胡萝卜、南瓜、甜菜根冷汤！

8 将焯过的菠菜与步骤7的材料打成泥（菠菜的纤维很多，需要打很久）。

9 用小汤匙将菠菜泥滴在表面，用牙签画出图形。

Mushrooms Miso soup

简单！好喝！百菇味噌汤

4人份

材料

日式高汤 japanese fish broth ——1000mL

*做法参见P.168冬天必须的料理！简单关东煮。

香菇 shitake mushrooms ——2朵

杏鲍菇 abalone mushrooms ——2~3个

金针菇 enoki mushrooms ——1包

*您喜欢的菇类都可以。

豌豆荚 snow Peas ——12根

豆腐 tofu（silk）——1盒

味噌 miso（wihte）——80~90g

这次介绍一种简单的味噌汤，可以加入丰富的菇类，并享受秋的味觉！其实味噌汤本来就可以加入各种食材，你想吃什么，都可以放进去。整理冰箱的时候，没有用完或剩下的食材也可以放进去煮，变成非常好吃（喝）的味噌汤！

做法

1 准备日式高汤。

*如果没有时间做日式高汤，没关系！可以用鲣鱼粉加水代替。

2 菇类切成适当大小。

3 其他的菇类也一样，切成相同的大小。

＊味噌汤里可以放些什么呢？什么都可以，尽量加入3种蔬菜（叶类、茎类、根类），不只可以享受很多口感、很多颜色，营养也很丰富！

4 锅中加入日式高汤，加入所有蔬菜开始煮。

＊入菜的顺序需视蔬菜的种类决定。根类（白萝卜、牛蒡等）最先放入，接着是豆类，最后再加入叶类（需焯一下）以预防变色和破坏维生素。

5 菜煮到差不多都熟了。

6 将切好的豆腐慢慢放入锅里。

7 最后加入味噌。网子里放入一点味噌，用打蛋器搅拌一下使味噌溶化，然后将网子中剩下的豆渣倒进去。

＊一般家庭煮味噌汤，可以用筷子慢慢搅拌让味噌溶化，使用滤网则味噌溶化的速度比较快！

8 继续煮到产生泡泡后，马上熄火。

＊味噌煮太久的话，风味都跑掉了。

Kimchee & Pork hot pot

简单！加速新陈代谢！韩日式丰富菜火锅

2 人份

材料

白菜——1/2个
sue choy

海带——100g
konbu kelp

韩式泡菜——180~200g
kimchee

五花肉——160g
sliced pork

韭菜（切碎）——适量
nira

味噌——2大匙
miso

*看你使用的韩式泡菜的咸度。

冷，冷，冷！我非常非常怕冷……很多人跟我说："唉！你是日本人，应该不怕冷吧！而且你曾住在加拿大，那边不是更冷吗？"话是没错！但不管住在哪里，冷就是冷，没办法……那么就来做一道简单低热的火锅御寒吧！使用有很多辣椒的韩式泡菜来促进新陈代谢，再加入海带风味的味噌汤底、一点猪肉和许多白菜。

1 海带剪成火锅里适用的大小。如果表面有沙子的话，用纸巾擦拭一下，放在锅底。

*表面有白色的粉类，是高汤美味的来源，千万不要擦掉或用水冲洗掉！

2 切开白菜的根部，然后用手撕开。将白菜切成比你用的锅的高度矮一点的宽度。

3 将白菜在锅里竖着排好。

*当然也可以用普通的锅煮。

4 泡菜放在中间，五花肉和韭菜则塞进白菜的空隙里。

5 味噌放在杯子里，慢慢加热水搅拌好，再倒进锅里。

6 开始加热，煮至猪肉变色、白菜变软就可以吃了！

Part 6

甜点

Desserts

reen tea mousse / Compote de Tomatoes / 3-kind mini tarts / Tofu dumplings with 3-kind sauce
Custard Cream Muffin / Apple chocolate French toast / Squash pudding / Blueberry decorated
ancake / Japanese sweet potato cake / Pink grapefruit jell / Warabi sticky cake / Black sesame
udding with rice cracker / Black sesame ice-cream / Japanese dumplings with Edamame
auce / Tofu & Sticky rice Doughnut / Daifuku filled with custard sauce & yam / Squash roll cake

Green tea mousse

简单！上品！抹茶慕斯

2人份

材料

明胶片 gelatin Sheet or powder——1/2片（5g）
牛奶 milk——200mL
抹茶粉 green tea powder/macha——10g
砂糖 sugar——50g
鲜奶油 whipping cream——100mL

[装饰用巧克力片]
巧克力 chocolate——适量
红糖蜜 brawn sugar syrup——适量
*可以自己做，将 糖：水 = 2：1，混合加热溶化糖就好了。

最近很少做甜点。我个人喜欢吃甜点，配上一大杯黑咖啡就有很幸福的感觉。这次我要用很多人喜欢的抹茶来设计食谱。抹茶直接喝很苦，我也不太习惯。但是用抹茶粉做甜点，就非常香，它的苦味与甜味很速配。我们就来看看用这种抹茶粉可以做出什么样的甜点吧！

做法

1 先准备好像塑料一样的明胶片。

2 明胶片泡水（大约10分钟）。

＊确认完全变软，尤其侧面要花多一点的时间。如果用粉的话，加一点水把它弄湿（可参见包装后的说明）。

3 准备一口锅，倒放牛奶，并加入抹茶粉与白砂糖。

4 边加热边用用打蛋器（或搅拌器）搅拌均匀。

＊确认抹茶粉及白砂糖完全溶化，没有颗粒。

5 锅边开始出现泡泡后，表示温度已经够热，熄火。放入明胶片，再搅拌一下。

6 确认明胶完全溶化后，用网子过滤后倒在玻璃碗里面，用刮刀拌一拌，隔凉水冷却。

＊小心，由于碗里面有明胶，放太久容易从碗底开始凝固！

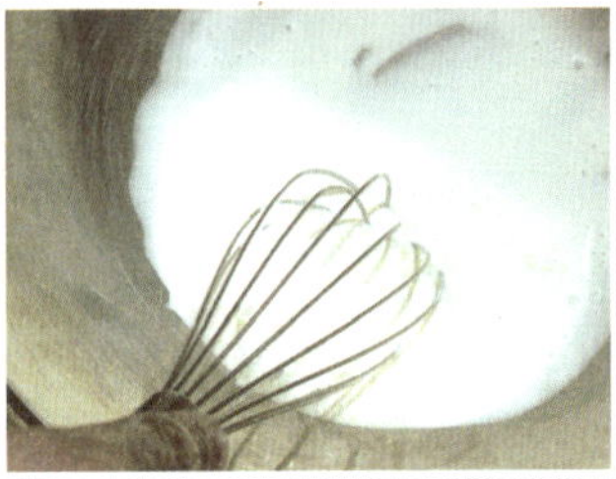

7 打发鲜奶油到有一点稠（七分立）的程度。

＊日文说“七分立”，七分大概是像番茄酱一样的浓稠度，而十分则是像蛋糕上面装饰用的那样硬。如果打的太硬，等一下不容易和步骤6混合均匀。

8 将步骤6的抹茶液倒入步骤7打发的鲜奶油中。

9 混合均匀后，倒入碗中，如果介意上面的泡泡，可用牙签刮掉。

＊有的慕斯还会加入打发的蛋白。但是由于抹茶的香味不像巧克力那么浓，所以不加比较好。

10 接下来开始做装饰用的巧克力片。这种巧克力是在小商店买的，一块2元（看看它是如何变成既高级又漂亮的巧克力装饰片的吧！）

11 将巧克力切碎。

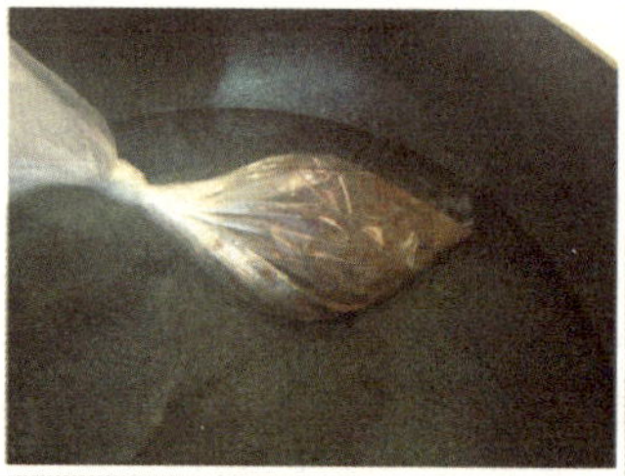

12 放入塑料袋中密封后，放在温水里面。

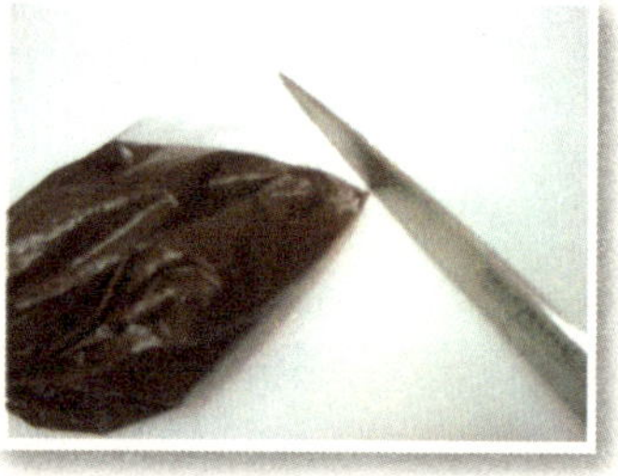

13 确认巧克力完全融化后，用刀切掉塑料袋的一角。

＊不要切太多，否则挤出来的巧克力会太粗，不好看！

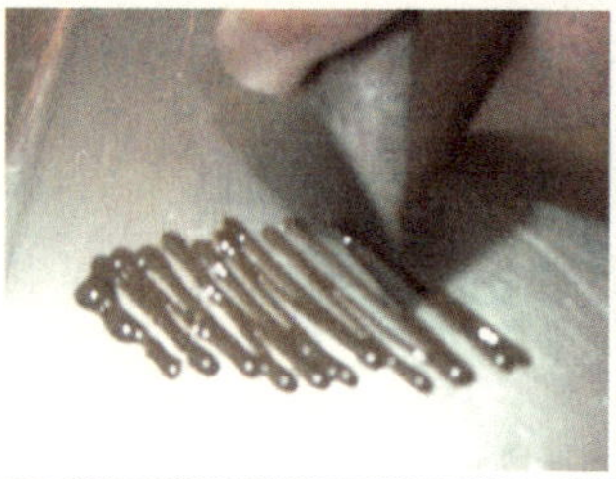

14 准备盘子，铺一张保鲜膜。将巧克力以画线的方式挤出来！

＊挤巧克力的时候，动作快一点比较好看（线才不会歪斜）。形状不论是圆的、爱心、星形都可以，只要您开心就好了！

15 画几个后，将剩余的巧克力放在冷冻室里。但开始装盘时要注意慢慢拿，才不会碎掉。

＊可以多做一点，剩下的包起来，放在保鲜盒里，下次再用！

Compote de Tomates

白酒糖煮圣女果

4人份
4 servings

材料

圣女果——200g左右
tomato
（用番茄也可以）
水——200mL
water
白酒——100mL
white wine
白砂糖——50g
sugar
（可以调整，根据番茄的甜度修改用量）
薄荷——适量（装饰用）
mint

原本这是一道法式甜点，指用糖煮的水果，通常用洋梨或桃子等制成。在日本有一种番茄叫水果番茄，就像水果那样甜，直接吃当然很好。后来日本有人用它做甜点，很多餐厅也有卖的。我想试试看用台湾的圣女果来做，看看味道如何。

1 这次用的圣女果有一点酸，所以多加了一点白砂糖。

＊也可以用蜂蜜代替白砂糖。

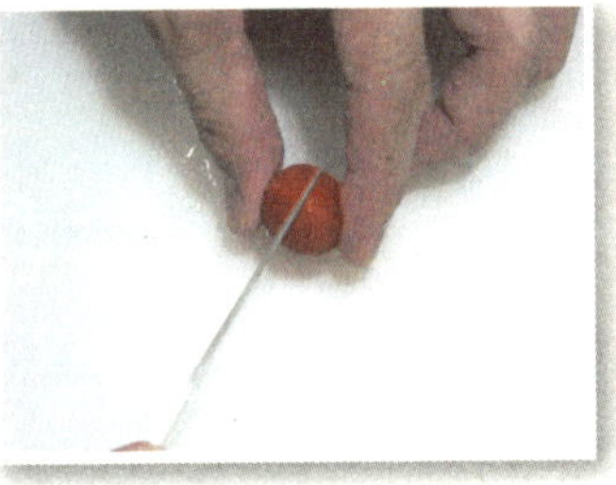

2 在圣女果的尾部划十字刀。

3 准备冰水。煮沸后，放入圣女果煮约10秒，马上捞出，放在凉水里。

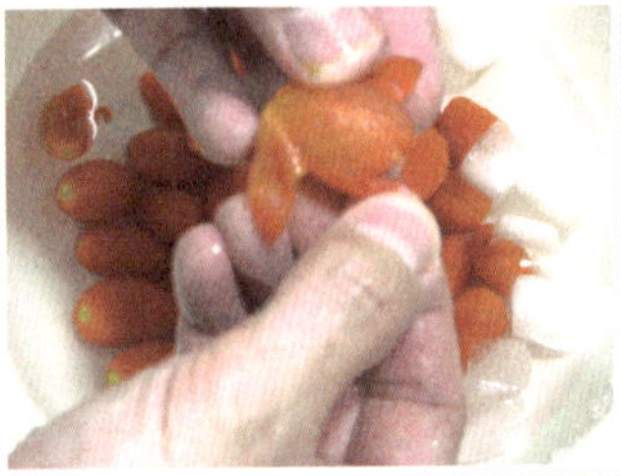

4 从尾端去皮。

＊为什么一定要用凉水？因为温差的关系。圣女果的皮碰到凉水马上缩小破开。这样比较容易去皮。番茄也是一样。

5 将水、白酒、白砂糖一起加入锅中煮沸，再放入去皮的圣女果，用小火继续煮约5分钟。

＊不要煮太久，要保留一点圣女果脆脆的口感。

6 将煮好的圣女果倒进碗里。碗底放凉水冷却后，再放进冰箱冷藏，食用时点缀上薄荷。

＊也可以加一点烈酒，冷了之后可以马上吃，或等一个晚上看入味的程度。如果家里有不喜欢吃圣女果的小朋友，可将这种煮过的圣女果偷偷和其他水果混在一起给小朋友吃，看看他们的反应！（>◇<）

迷你三种果挞

6人份

材料

饼干 crackers——6片
奶油 butter——50g
水果 fruits——适量

[卡士达奶油酱]
蛋黄 yolk——3个
白砂糖 sugar——60g
牛奶 milk——250mL
面粉（低筋）flour——25g

做法

1 将蛋黄放入钢盆中，再加入白砂糖。

2 另准备一个锅，倒入牛奶，用中火加热。

3 步骤1中加入面粉，隔着温水用打蛋器将蛋黄打至变成白色后，加入面粉再搅拌均匀。

*蛋温温的较好打发。做（海绵）蛋糕时也是一样!

4 牛奶煮沸后，倒入步骤3的钢盆中，搅拌均匀，再倒回锅里。

5 以中火加热，并用打蛋器一直搅拌至均匀，确认已刮到锅底。把材料煮到完全熟。

小贴士

由于锅里面有面粉，锅底容易烧焦。注意！看到从锅的边缘开始出现泡泡至全面有泡泡后熄火。

6 将步骤5煮好的馅料用滤网过滤。

7 接着倒在盘子上，表面涂奶油放至冰箱冷却。

＊为什么涂奶油？是为预防表面干燥。

8 将饼干放进塑料袋中，用空瓶子压碎。

9 将压碎的饼干放在碗中，加入熔化的奶油，搅拌均匀。

＊如果你喜欢的话，可以加一点肉桂粉。

10 利用喝完的牛奶纸盒，剪下来做成模型。

11 将饼干碎放入模型中，用汤匙压平，然后轻轻拿起模型，并放在冰箱里让它变硬。

＊要用力压，不然吃的时候，它会容易散开。

12 将步骤7冰好的馅料放入塑料袋中，再剪掉塑料袋一角。将馅料挤在步骤11的饼干上，并放上你喜欢的水果。

＊馅料里面加一点朗姆酒或樱桃酒之类的香酒也不错。馅料应该很硬，可用力挤。但饼干面非常脆弱，要特别小心。建议吃之前再放进冰箱里，让饼干休息一下。

这次做什么甜点比较好呢？打开冰箱门好几次，找到苹果、猕猴桃……今天就来做果挞吧！但我不想烤下面那个派皮，太麻烦了！我想试试做比较简单的派。用什么来代替烤派呢？很多人吃过纽约风味的起司蛋糕吧！像它底部脆脆的饼干，我很喜欢吃。那用就这种饼干来做水果挞吧！

Tofu dumplings with 3-kind sauce

本格派！三种豆腐团子

4人份

材料

糯米粉 glutinous rice flour——100g
豆腐 tofu——100g
抹茶粉 green tea powder——1/2小匙
黄豆粉 soy bean powder——适量
黑芝麻粉 black sesame powder——适量
白砂糖 sugar——适量

[团子酱]
酱油 soy sauce——2大匙
味霖 mIrin——1大匙
水 water——100mL
白砂糖 sugar——80g
水淀粉 starch——2大匙
*淀粉与水的比例为 1∶1。

我爱吃甜点，但是为了健康又很少吃。团子是用糯米粉和水混合做成的，如果用豆腐替代水，会有什么效果呢？当然，大家知道豆腐含有蛋白质，对身体好，而且加了豆腐做的团子会比加水做的更软，凉了也不会太硬。做一件事有两种好的效果，有一个成语叫“一石二鸟”。不管怎样，步骤非常简单，小朋友也可以做。来！大家一起动手做吧！

做法

1 准备一个容器，倒入糯米粉，并放入豆腐。

2 用手搓揉豆腐，揉成面团。

＊一开始感觉有一点干，等豆腐里的水分慢慢出来。如果还是太干，再加一点豆腐。

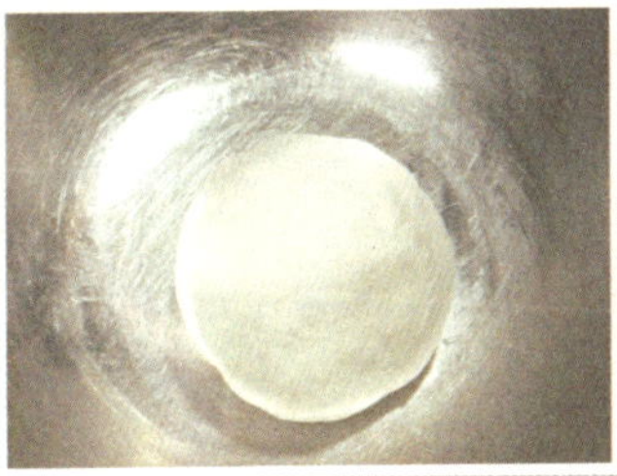

3 分成数份，并决定各种口味的分量。

＊我这次将面团的1/3分量做成抹茶口味。

4 面团中加入抹茶粉，继续揉到绿色均匀散开。

＊如果想要做黑芝麻团子，步骤一样，步骤2的原味面团中加入黑芝麻粉揉一揉。

5 再将面团分成数份，揉成小圆形。

＊这个步骤可以让小朋友一起参与。

6 煮沸一锅水，放入步骤5的小圆球，等到小圆球浮起来后，捞起放入凉水中冷却。

＊如果不用烤，就不要放在凉水里太久，团子会变硬!

7 冷却后，把团子串起来。

＊它会粘到竹签上，要一边旋转竹签一边刺入团子中。

8 除了淀粉以外，将团子酱的材料全部放入锅里煮。熄火后，再加入水淀粉，搅拌勾芡。

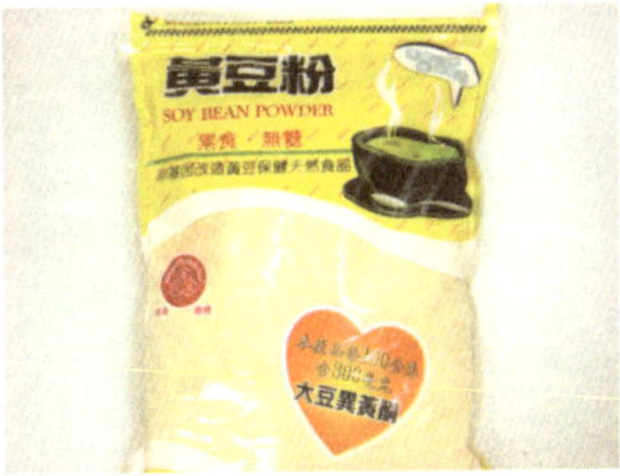

9 市场上有好几种黄豆粉，我买的是可以直接使用的，加入白砂糖就好了。

10 我做成3种口味，分别淋在团子上即可。

＊黑色的是黑芝麻粉，加入白砂糖就可以；黄色的是黄豆粉加白砂糖；最下面的是团子酱。

＊放在烤箱，用高温烤一下，比较香。预防烧到竹签，可先用锡箔纸将其盖起来。

Custard Cream Muffin

自制卡士达奶油酱蒸蛋糕

4人份

材料

松饼粉 pancake mix——100g
鸡蛋 egg——1个
牛奶 milk——50mL
卡士达奶油酱——4大匙
＊做法参见P.184迷你三种果挞。
鲜奶油 whipping cream——100mL
果酱 jam——4小匙（铺吐司面包用的）

做蛋糕一定要用烤箱吗？这次来做比较小的杯形蛋糕，是小朋友与大人都可以享受的点心。步骤超简单，不需要太复杂的技术，也不需要购买很难买到的厨具。只要搅拌一下，放在锅里就好了。

做法

1 松饼粉、鸡蛋、牛奶混合均匀（比例看包装标示）。

2 用打蛋器搅拌均匀。

3 将拌匀的面糊放至纸模的一半。

＊我买的纸模很软，所以一次用两张，预防面糊溢出来。

4 在面糊中间挤上卡士达奶油酱，再放入面糊。

＊你可以用红豆、地瓜、南瓜、果酱、起司等代替卡士达奶油酱。

5 开始蒸蛋糕，如果没有蒸笼，就用锅好了。平底锅上面放两双筷子，加水到筷子下面，盘子放在筷子上面，然后开火。

＊开火之前，确认盘子已放稳当，因为等一下很烫没办法修正。如果使用蒸笼，那会简单很多！

6 水煮沸，熄火。轻轻码放好已装满面糊的纸模后再次开火。

7 盖好盖子，用中火蒸8～10分钟。

8 打开锅盖，以竹签插进蛋糕中间（因为中间有卡士达奶油酱），看看有没有面糊粘到竹签上。如果有的话再蒸一下，没有的话就拿出来冷却。

＊老实说，我没有想到它的形状会变成这样子……太好玩了！＼（^o^）／

9 刚蒸好的蛋糕可以直接吃或者稍微冷却后淋上打发的鲜奶油（加入糖粉）及果酱。

＊我没办法忍耐。还没拍照，就偷偷吃了一口！哇！太好吃了！

Apple chocolate French toast

巧克力苹果法国吐司

4人份

材料

吐司面包 toast——8片
苹果 apple——1个
巧克力 chocolate——2片
杏仁片 almond slice——适量
糖粉 powder sugar——少许
奶油 butter——少许

[吐司面糊]
面粉（低筋）flour——1大匙
鸡蛋 egg——1个
奶油（熔化）butter——1大匙

[法国吐司蘸酱]
鸡蛋 egg——1个
牛奶 milk——200mL
砂糖 sugar——1大匙

我很爱喝黑咖啡，每天一定要喝一大杯。有时候，喝咖啡时很想吃点甜的。打开冰箱看到苹果、巧克力，还有面包。啊！就利用这些来做点甜点吧！苹果脆脆的口感，带有一点酸味，与巧克力的甜味非常搭配！还有面包上面的杏仁片也很香！刚好可以用来做咖啡点心，小朋友一定会爱上它！

做法

1 混合“吐司面糊”的材料。

2 苹果切薄片，摆在吐司面包上。

＊不一定要用苹果，香蕉也很适合。

3 巧克力掰成两半，一半放在吐司上。

4 用汤匙把步骤1的面糊淋在吐司的边缘。

5 盖上另一片吐司。放上重物压上几分钟，让它粘在一起。

6 混合“法国吐司蘸酱”的材料，将步骤5的吐司两面都沾上酱。

＊不要沾太多。

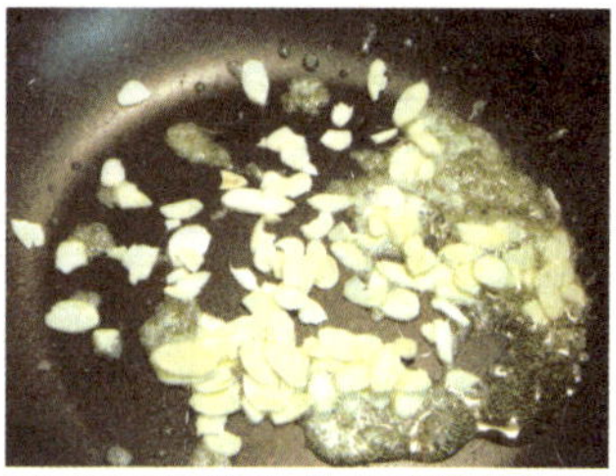

7 开小火，放一点奶油，煎一下杏仁片。

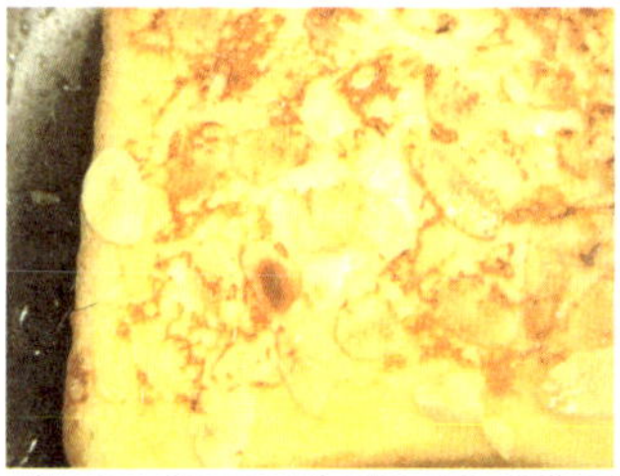

8 放入吐司，煎到呈金黄色后翻面。噢！太美了！

＊慢慢煎，记得让里面的巧克力熔化，煎太快没有办法加热到让它熔化。

9 将吐司对切开，装盘，撒上糖粉。

Squash pudding

非常南瓜布丁

4人份

材料

南瓜 squash（去皮、去子）——350g
鸡蛋 egg——3个
白砂糖 sugar——60g
*可根据南瓜的甜度调整用量。
牛奶 milk——250mL
鲜奶油 whipping cream——50mL
鲜奶油 whipping cream——适量（装饰用）

[焦糖酱]
白砂糖 sugar——100g
水 water——2大匙
热水 hot water——80mL

做法

1 南瓜削皮，去子，切成小块。用保鲜膜盖起来，放在微波炉里加热。

＊注意！南瓜350g是指去皮、去子以后的分量。

2 等南瓜完全软熟之后，拿出来放入碗里，用刮刀搅碎。

3 鸡蛋和白砂糖混合均匀。

＊不要打（不要让它混入空气）！这不是烤蛋糕，只要将鸡蛋和白砂糖搅一搅混合好就行了。

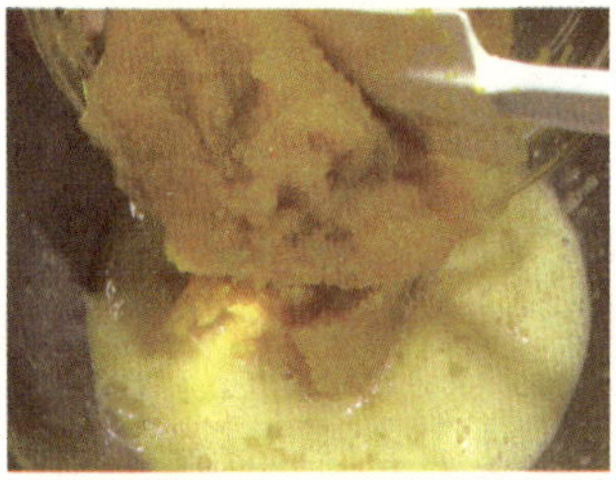

4 放入南瓜泥混合好。

小贴士

为什么要先将鸡蛋和白砂糖混合在一起呢？糖分会提高蛋白质的凝固点（变硬的温度），所以，等一下加入煮好的牛奶时，鸡蛋不会变熟。

5 加入煮好的牛奶。

*煮牛奶时，看到锅的边缘开始出现泡泡就行了。为什么牛奶要煮过呢？这是烹调料理时最需注意的事项——卫生，煮的过程对牛奶有杀菌效果。做给家人吃一定要安全、卫生嘛！

6 再加入鲜奶油。

7 拌好后利用滤网将面糊过滤。

*为什么要过滤？因为南瓜纤维或鸡蛋的膜带（白白的小东西）还在里面，需要滤掉。

8 将滤过的面糊分别倒进小杯子里。小杯子再放入铺上抹布的锅中排好，锅内倒入热水到杯子中间位置。

*根据比重的关系，南瓜比鸡蛋液重，所以混合后还会慢慢沉淀。所以还没凝固就已经开始分离了。装到杯子以后，一定要加热水，马上开始蒸，不要让南瓜沉淀。为什么要放抹布？可以预防杯子直接接触到火力。

9 盖上锅盖，先开大火蒸，提升锅里面的温度（看到有很多蒸汽出来）。再调成小火蒸约6分钟，熄火。盖子暂时不要打开。再等约8分钟，让余热继续煮熟。

*杯子的大小、厚度每家不一样。上面写的时间是参考值，你必须要自己确认有没有熟。如何知道？请看下一步。

这次继续介绍南瓜料理食谱！这个“非常”我是不是用得太多了？无论如何，因为很多人反映想要学“南瓜布丁”，所以我一定要介绍这道甜点。其实这道点心的步骤是我以前在法国料理餐厅工作时学的，由于现在厨房的状况完全不一样，所以稍微改良了一下。不会太麻烦，也不需要特别的厨具，是非常轻松开心的步骤。来！大家一起试试看吧！

10 打开锅盖，用竹签插入布丁中央，看看竹签是否沾有蛋液。有的话，再煮2分钟。再插插看。

11 确认布丁已经蒸熟，取出，放在阴凉的地方冷却后，再放入冰箱里，让它凝固。

12 开始做焦糖酱。加一点水把白砂糖弄湿，开中火。

*做这种东西，要一直看着锅不能分心。如果一个人做的话，建议自己先准备热水！（・_・;）

13 从旁边慢慢开始变成咖啡色。一直摇晃锅，让它均匀加热。等变成像图片中一样的颜色就差不多好了，熄火。

*它一开始白白的，永远不会变颜色的样子……突然会从旁边开始变色！很大的泡泡变成小小的就表示时间到了。

14 熄火，慢慢加入热水。冷却后放在冰箱里。可以保存2～3星期。

*一定要注意！它很烫！加入热水的时候会喷出来！一定要用有把手的锅慢慢加进去，不要用量杯或碗，那样很危险！（＞＜;）//
*这次做的焦糖酱是可以淋的，所以多加了一点水。

15 打发鲜奶油，盛在布丁上，并淋上一点焦糖酱。

Blueberry decorated pancake

迷你
蓝莓起司蛋糕

1人份

材料

松饼粉面糊 fancake mix——适量
＊用普通的松饼粉就行了。
奶油起司 cream cheese——50g
糖粉 powder sugar——1/2小匙
蓝莓果酱——1/2大匙
blueberry jam
朗姆酒 rum——适量
白砂糖 sugar——适量
水 water——适量
蓝莓（冷冻）——适量
frozen blueberry
鲜奶油——100mL
whipping cream
巧克力 chocolate——适量
薄荷 mint——适量

如果想做小蛋糕，却没有烤箱，也没有时间用明胶凝固，但还是想做一个漂亮的蛋糕怎么办？所以，这次利用松饼粉来做蛋糕。只要用煎饼来代替海绵蛋糕，再涂上一点朗姆酒糖水，中间加蓝莓乳酪装饰一下。

1 先做煎饼。

＊记住：面糊放入锅里的时候，汤匙拿高一点，让它自然地呈圆形散开。面糊很黏，用汤匙背面成形，不好弄……

2 利用空的牛奶盒做模型。右手用筷子拉紧，左手一直旋转，做成圆形。

＊因为我要做小的（8cm左右），原来的太大，所以用钉书机缩小圆形。如果你要做大的话，不用钉起来。直接用。

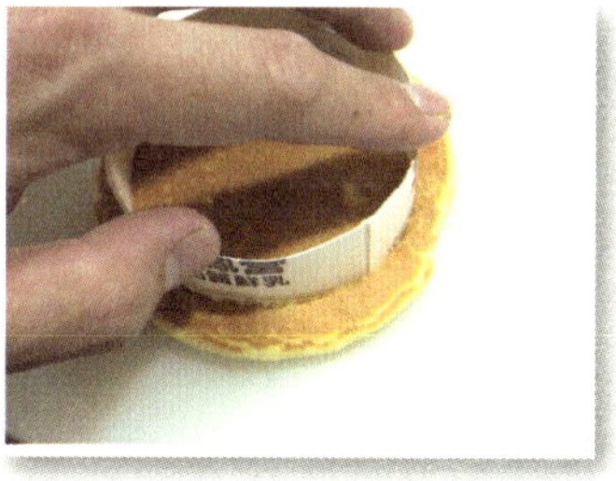

3 将模型放在煎好的煎饼上压下去。

4 做两个同样大小的煎饼。外围剩下的边缘部分，不要丢掉！

5 将切下的松饼边，放在果汁机里打碎。

＊不是中间圆形的！只要打外面的部分，不要弄错哦。

6 做出来的松饼屑。

7 开始做朗姆酒糖水。锅中放入水和白砂糖（水:砂糖=1:1），煮一下，白砂糖溶化后，熄火，冷却，加入适量的朗姆酒。

＊也可以用白兰地或其他的酒。如果你是酒鬼，可多加一点酒。但如果是给小朋友吃，不要加酒，直接涂糖水。

8 奶油起司隔水加热一下，让它变软一点。

＊注意！不用太热！变软就行了。太热的话，等一会加入其他的材料时会熔化，变得水水的，不好处理。

9 加入糖粉、蓝莓果酱、1大匙鲜奶油，搅拌好后，放入冰箱让它凝固。

＊不一定要用蓝莓，草莓、葡萄都可以。每种果酱的甜味不一样，可自己调整甜度。

10 用刷子在两片煎饼上，刷上步骤7的朗姆酒糖水，两面都要刷。

11 把步骤9的果泥放入塑料袋中。

12 小盘子上面放上煎饼，剪去塑料袋一角，挤出与煎饼相同面积的果泥，再放上蓝莓。

13 取另一片煎饼，比较平的面朝上，放在步骤12的上面。

＊因为待会儿要用鲜奶油将煎饼全身包起来，上面需保持平整。

14 用小刀把打发好的鲜奶油铺上去。

＊不习惯的话，可能有一点困难。没关系！慢慢弄，大概铺一下，你开心就好了！等一下还有一些可以装饰的东西！

15 巧克力切小块后，隔水加热至其熔化，放在塑料袋里。

16 剪去装巧克力塑料袋的一角，在蛋糕上快速挤出巧克力。

＊为什么要用很快的动作？因为太慢线会歪掉，可先在盘子上练习一下。（ㄟ・_・;）ㄟ

17 终于发现早就准备的松饼屑！拿好蛋糕盘子，将松瓶屑慢慢贴在蛋糕侧面。

＊蛋糕上面中间位置放上蓝莓、薄荷就完成了！

Japanese sweet potato cake

简单！健康！羊羹风红薯蛋糕

4人份

材料

[15cm红薯蛋糕1个]

红薯 sweet potato——300g
鲜奶油或牛奶——200mL
whipping cream or Milk
白砂糖 sugar——50g
鸡蛋 egg——2个
面粉（低筋）flour——30g

[模型用]

奶油 butter——适量
面粉 flour——适量

[装饰用]

鲜奶油 whipping cream——适量
红糖蜜 brown sugar syrup——适量

做法

1 在直径15cm的模型上，涂上奶油。

＊我用的是底部与侧面可以分开的那种模型。

2 涂好后，撒上面粉，多余的拍除掉。

＊贴上烘焙纸也可以。

3 将红薯蒸好，去皮。

＊用南瓜也不错！但最好要挑含水分比较少的。

4 将红薯放入果汁机打碎。

5 取出红薯泥，加入鲜奶油或牛奶搅拌。

＊如果使用的红薯含水分比图片上少的话，需要减少鲜奶油或牛奶的用量。

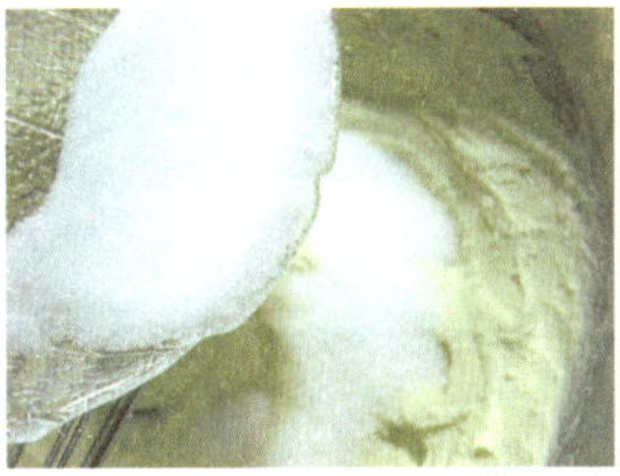

6 加入白砂糖，搅拌。

7 加入鸡蛋搅拌。最后加入筛好的面粉，用刮刀拌一拌。

*鸡蛋很水很滑，一开始不容易混合，最后要确认它们已混合在一起。

8 将混合好的面糊放进模型里。

9 将烤箱预热，放入装好面糊的模型，以170℃烤40～50分钟。

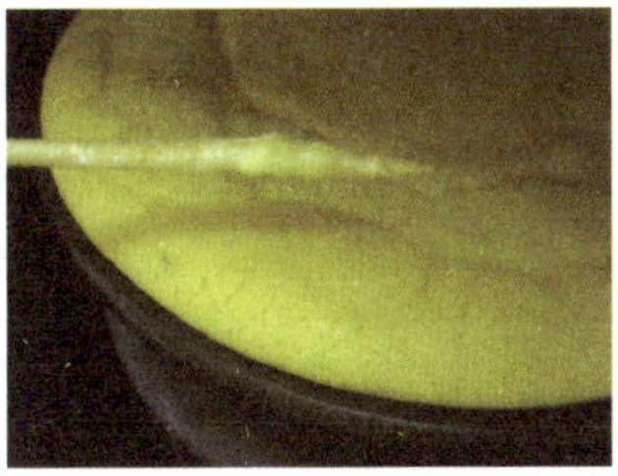

10 计时器先设定40分钟后，用竹签刺进蛋糕中间，看看竹签上有没有面糊粘到。如果像图片一样牙签上粘到了面糊表示还没熟，再烤10分钟。如果没有粘到面糊，就表示已经熟了，拿出来冷却。

11 放在网架上面冷却，取出蛋糕，放在冰箱凝固一下。取出，切成小块，装饰上鲜奶油和红糖蜜即可。

*不要马上吃，让它休息，凉了比较好切。因为面粉用的很少，烤了以后可能会缩小一点，这些很正常。

我在博客里教学快半年了，收到很多回应说：“我的小孩吃得很开心！”或：“我家人说很好吃，大家都吃光了！”我真的觉得很开心，很感动！T△T）不只住在台湾的朋友，连国外的朋友也很享受我的食谱。虽然有时觉得有一点累，但看到这么多人支持我，给我很多好的评论，让我非常感动！也很高兴可以帮助到更多的人，谢谢大家！

这次想做一种步骤很简单的蛋糕，与一般的蛋糕不同，我用大量的红薯代替粉类，做成红薯风味的蛋糕！吃起来有点像“羊羹”，但没有那么甜。这是一种非常健康的蛋糕，红薯含有很多粗纤维，大人、小朋友都适合，大家也可以一起动手做哦！

Pink grapefruit jell

饭前甜点！葡萄柚果冻

6人份

材料

葡萄柚 grapefruit（ruby）——2个
葡萄柚果汁 grapefruit juice——400mL
＊用现榨的热量比较低。
白砂糖 sugar——50g（分量可自己调整）
水 water——200mL
明胶片 gelatin（foil）——10~12g
＊或琼胶 agar——5g（它的凝固力比较强）

甜点有减肥效果？真有那么好的东西吗？是的！最有趣的是，因为它的香味有“食欲抑制效果”，所以吃饭前吃葡萄柚，就会觉得肚子没那么饿，若接着吃饭，会很容易吃饱。葡萄柚能促进脂肪燃烧，还有利尿效果，可消除水肿！总之，是一种很适合减肥的水果！当然直接吃也不错！

因为我本来很喜欢喝用葡萄柚调的鸡尾酒。但是我平常不会用汤匙挖出来吃，每次看到粉红色的漂亮果肉，就一直想要做甜点。这种水果不太适合用来烘烤，做成慕斯也可以，但是味道很淡。那么不用想太多，简单做果冻，一边享受它的原味，一边期待减肥效果就好了！

做法

1 切掉葡萄柚的头和尾。

2 将果皮从侧面慢慢地削掉。
＊不要削得太急太宽！太宽=皮太厚=切掉太多肉=浪费！

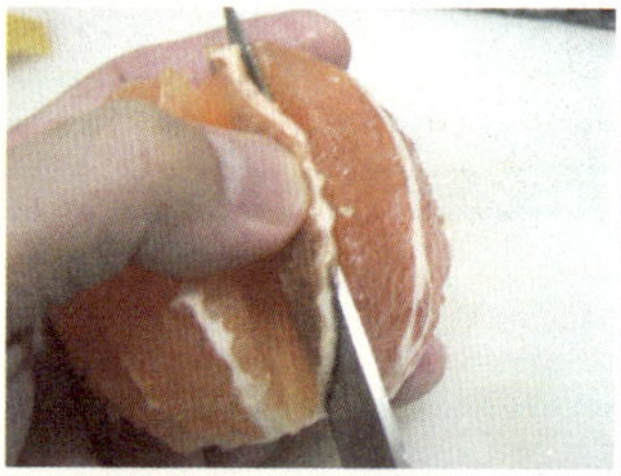

3 用刀子插入葡萄柚果肉与果肉的中间部位，切开。

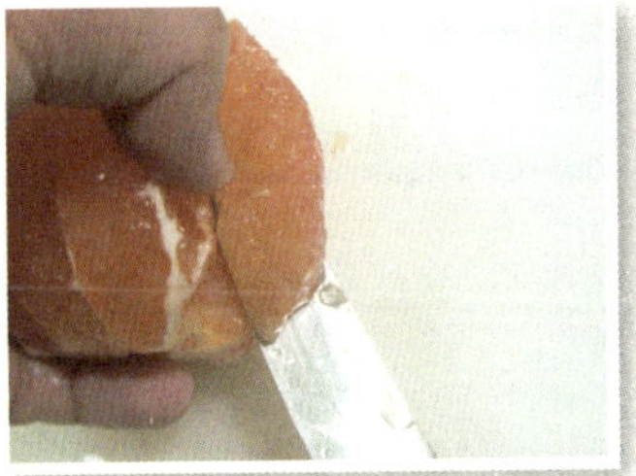

4 把刀子往外面转，轻轻地撕掉肉。

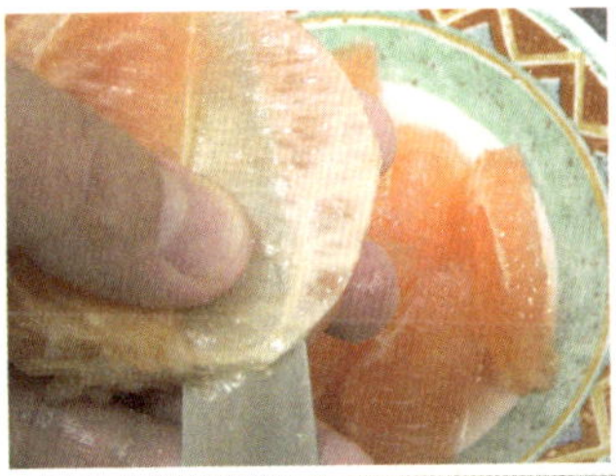

5 因为做这个步骤，果汁会一直往下滴，所以在碗上面弄才不会浪费。

6 明胶片泡在水里（凉水），等到变软（10分钟左右）。

＊特别注意看侧面有没有吸到水分。明胶在一般烘焙店都能买到。有粉状和片状的。

＊可以用琼胶代替，但只要一半的量，因为它的凝固力较强。而且它算是减肥时的好朋友！ 明胶片透明度比较高，做透明的果冻类比较适合。明胶粉的透明度没那么高，但泡水时间很快。一般而言，片与粉的比例相同。但用粉的话，先加一点点的水让它吸收水分。

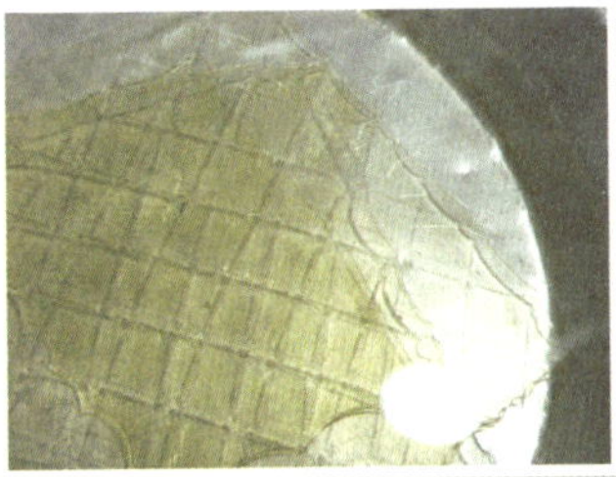

7 锅里加入水和白砂糖，开火。

＊我这次做的是餐前甜点，不需要很多糖，微甜就可以。如果要用现榨的葡萄柚，试试甜味，太苦的话，多加一点糖，给小朋友吃的话，甜一点也好。

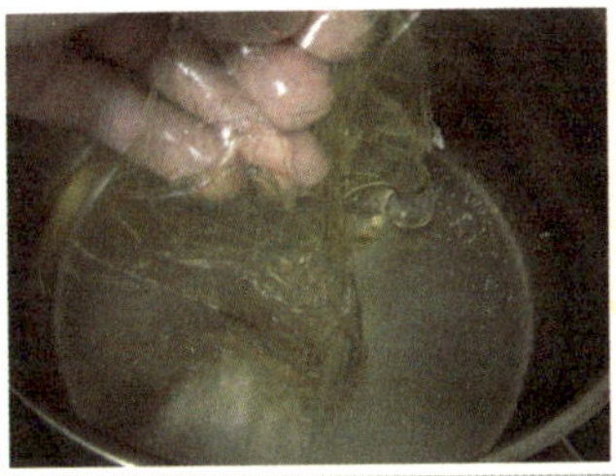

8 等水开了，白砂糖都溶化了，熄火，加泡好的明胶。摇一下锅，确认明胶已完全溶化。

＊注意！要记得熄火！不要煮明胶，那样会使凝固作用变弱！

9 把步骤8的材料过滤，确认没有结粒的部分。

10 葡萄柚果肉放进杯子里。

＊要留一点果肉（凝固好后，每杯上面要放2～3片果肉）。

11 这次我用的是葡萄柚果汁，当然也可以用现榨的葡萄柚汁。加入步骤9里，搅拌一下，冷却。确认冷却后放进杯子里，然后放到冰箱冷藏，等到凝固后取出，再放剩下的果肉即可。

Warabi sticky cake

传统和果子！简单口福堂风蕨饼

4人份

材料

牛奶 milk——150mL
淀粉 potato starch——2.5大匙
*如果要有更加弹性一点的话可以加量。
红糖 brown sugar——1.5大匙（蕨饼用）
黄豆粉（烤好的）——大约1杯
soybean powder（roasted）
红糖 brown sugar——3大匙（酱汁用）
水 water——3大匙

我很爱吃口福堂的甜点。平常我不太喜欢吃太甜的和菓子，但他们的蕨饼很好吃，不会太甜。这种甜点在家里可以做吗？当然可以！不过，专业的材料太贵，又难找。所以我用大家容易买得到的材料来做！软软的口感，很香的黄豆粉，加上“自制红糖蜜”，别有一番风味！嗯，顺便泡一壶绿茶搭配着一起吃吧！

做法

1 量粉类的时候，记得要用棒子刮平，这样才正确！

2 锅里加入牛奶、淀粉与红糖。

*本来真正的蕨饼要用蕨粉，但是它很贵，所以用淀粉代替！粉量可以自己调整，加多了比较有弹性。

3 用中火煮。用木匙一直搅拌，记住一定要刮到锅底。

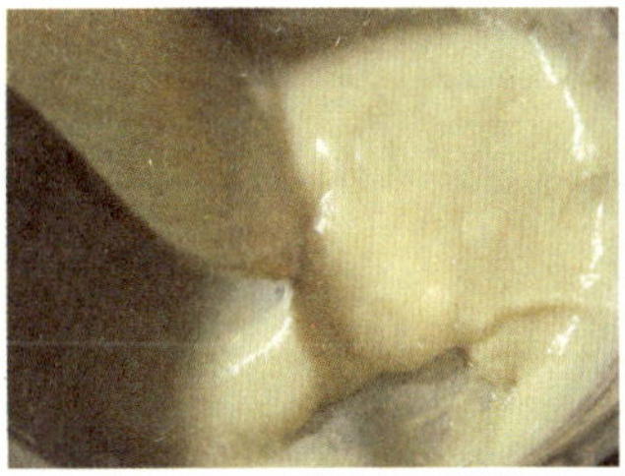

4 等它开始凝固，继续煮到变成亮亮的样子。

5 准备一个碗，铺一张保鲜膜，将面糊倒进碗里。

6 将面糊包起来，做成四方形，等一下比较好切。

7 放在凉水里冷却。

＊冷却后，它会变得更加有弹性，比较好处理。

8 这次用的是黄豆粉，它是已经烤熟的，不要买生的哦！

9 盘子上多倒一点黄豆粉，将步骤7冷却好的面团撕掉保鲜膜，沾粉后，切成自己喜欢的大小。

＊切面很黏，切开后马上沾粉。

10 另一锅内加入红糖与水混合，煮到浓稠。

11 冷却后，再淋到蕨饼上。

＊煮的时候不要太浓，冷却后会变得更浓稠！如果觉得还不太够浓稠，在冷却之后，应该会刚刚好。

Black sesame pudding with rice cracker

健康！凉口！日式寒天黑芝麻慕斯和自制锅巴

4人份

材料

黑芝麻酱 black sesame paste——3大匙
鲜奶油 whipping cream——100mL
牛奶 milk——400mL
琼胶 agar——1小匙
白砂糖 sugar——30g
鲜奶油 whipping cream——少许（装饰用）
红糖蜜 brown sugar syrup——少许（装饰用）

[自制锅巴]
米饭 steamed rice——适量

在日本也有很多关于抗衰老的论文。有一篇说黑芝麻含有很多维生素E，会防止老化，可恢复疲劳，防止白发，安定精神，还有其他一些很好的功效！难怪，很久很久以前就有人说，黑芝麻是不老、长寿、回春的秘方，这样的话，我们就常常吃芝麻吧！这次做黑芝麻慕斯，是因为很多人反映说：买不到明胶或明胶味道太重！这次就利用琼胶（Agar）来做。不但方法简单，口感也很好！

注：在慕斯上面撒一点自制锅巴，多了一种像仙贝样的脆脆的口感，很好吃！

做法

1 我买过“黑芝麻面包酱”，它很香，只用来涂面包太可惜！

＊如果买不到，没关系！黑芝麻粉也可以，只要加些糖调出甜味即可。

2 在黑芝麻酱里慢慢加入鲜奶油搅拌好。

＊一次不要加太多，芝麻酱会结粒。一边加一边搅拌，确认已混合好。

3 图片上是我买的琼胶，它其实与琼胶不太一样，但包装上说是琼胶，（ー_ー;）不用想太多！好吃就好了！

4 牛奶里加入琼胶与砂糖搅拌好。开火，煮沸后，熄火。

＊如果使用琼胶棒，需要继续煮2～3分钟，但琼胶不需要。

5 加入步骤2搅拌好的黑芝麻酱，搅拌混匀。

6 隔凉水冷却一下，再倒进杯子或盒子里。放入冰箱，让它完全凝固。

＊琼胶的凝固力比较强，也很快。40℃左右已经开始凝固！动作要快一点！

7 接着开始自制锅巴。将米饭放在塑料袋里。

8 压扁，做成四方形或圆形，依你喜欢的形状。

＊要薄一点，太厚不好炸。

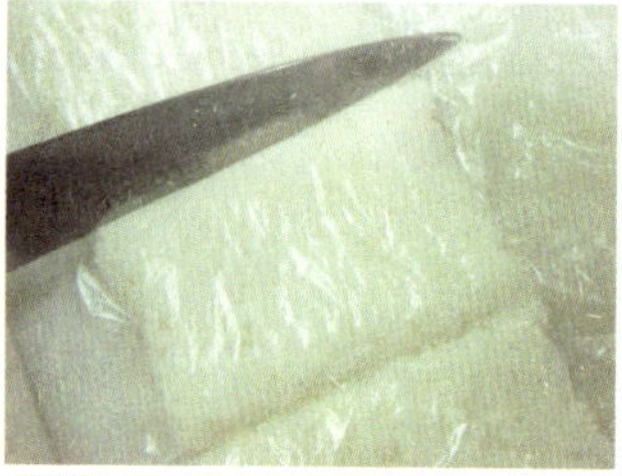

9 用刀背做出沟道。

10 撕开塑料袋。

11 将米饭放在网子上，放在户外风干，让它们享受风景！

＊如果怕被鸟吃掉，可以放进烤箱用低温烤干。

12 锅巴放两天后就差不多好了。

＊可以放在密封袋里保存。

13 以油温（200℃左右）炸锅巴。

＊温度若不够高，锅巴会膨不起来。

14 将炸好的锅巴放在纸巾上吸收油分。接着用汤匙挖几块芝麻慕斯装盘，将打发的鲜奶油与红糖蜜淋在上面。

材料

蛋黄——3个
egg yolk
白砂糖——50g
sugar
玉米淀粉——1大匙
corn starch
牛奶——400mL
milk
黑芝麻酱——3~4大匙
black sesame paste
鲜奶油——200mL
whipping cream
黄豆粉——适量
soy bean powder

Black sesame ice-cream

自制简单！黑芝麻冰激凌

6人份

大家看到日蚀了吗？看得清楚吗？我？没有！(一_一;)完全忘记了！哥哥从日本发短信告诉我："这边云太多，看不清楚，你那边呢？"这边？糟糕……马上看太阳！当然没办法直接看。想在家里找找看有什么好用的道具，像黑色的垫板等，结果没找到。本来决定放弃时，突然想到黑咖啡！从冰箱拿出黑咖啡，倒在透明玻璃碗里，从碗底看太阳，哇，可以看到！但是，时间太晚了，我看到的太阳是很健康、非常漂亮的圆形太阳，(T_T) 好吧！下次吧！一百多年后再见！

不管怎样，把我的"元气"拿回来！之前做过黑芝麻寒天慕斯时，提过芝麻的营养。所以，这次我用它来做大家夏天（大部分的）都喜欢的冰激凌！没有冰激凌制作机怎么做？没关系！我家也没有！但是，还是可以做！步骤不会太麻烦吗？你可以自己判断，现在看看怎么做！

1 混合蛋黄与白砂糖。

2 隔温水加热，开始搅拌。如果用手指试蛋液已经温温的话就可以离开锅，继续打。

＊为什么要加热？鸡蛋温的比较好打发。做蛋糕的时候，同样也是先把蛋液与白砂糖加热再打发。

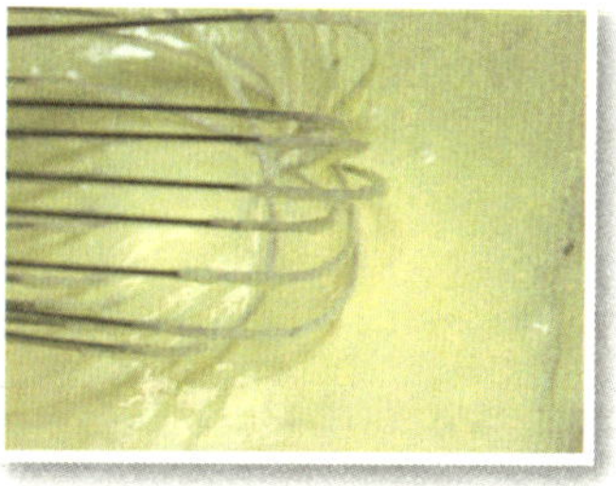

3 打到差不多像图片这么白就可以了。

＊为什么要打得那么认真？让蛋液中混入很多空气，等一下加热时，蛋才不会直接吸收到火的热流，还有口感比较淡。

4 同时，准备另一口锅，倒入牛奶煮沸后，熄火，再放入黑芝麻酱搅拌好，确认黑芝麻酱完全溶化。

＊当然可以用原味的黑芝麻粉，但是需要调整砂糖的分量。

5 将玉米淀粉加入步骤3打发好的蛋液里搅拌。

＊为什么要加玉米淀粉？等一下会告诉你原因！先继续做吧！

6 再将步骤4的牛奶黑芝麻酱搅拌好。

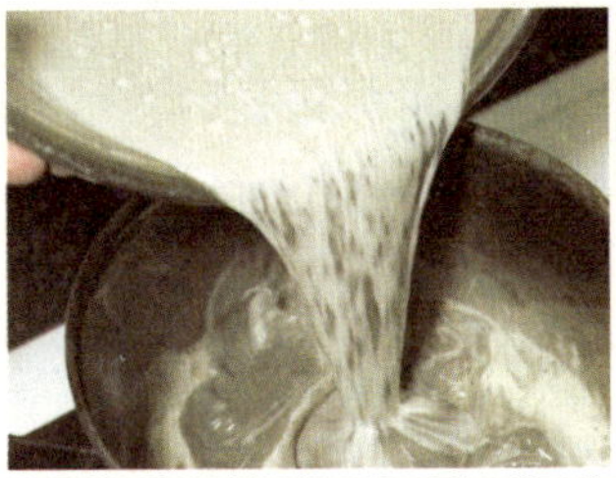

7 倒回到锅里。

8 用木匙搅拌好。确认刮到锅底，尤其是角落处。

9 开火，煮到变浓稠。

＊本来，只想用蛋黄的凝固力变浓稠。但是，火候与时间的控制不太容易，不小心煮太久的话，牛奶与蛋黄会分离；但如果煮的时间不够，又会太稀，太稀做甜点口感就不好。所以这次是利用玉米粉淀的凝固力，失败率比较低。

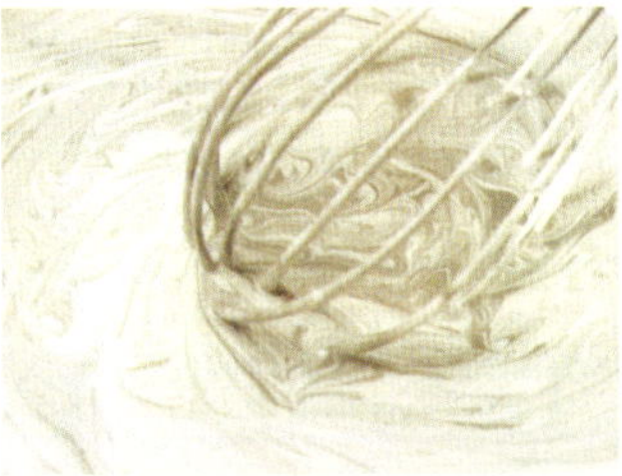

10 煮好后隔凉水冷却。

11 鲜奶油打到像步骤10一样的浓度。

12 混合好。

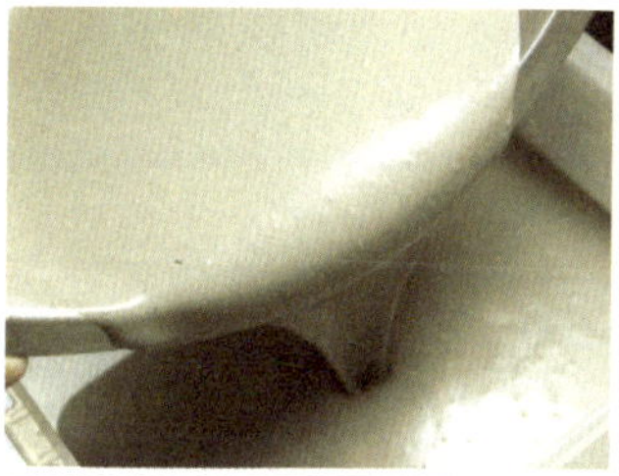

13 倒进保鲜盒里。盖上盖子后，放在冰箱冷冻室里。

14 只要有一点冻结，就拿出来用汤匙拌一拌，再放回到冷冻室。等到冻结再拌一拌。重复这个步骤2～3次就完成了！挖出一部分，撒上黄豆粉就可以享有了！

小贴士

大福皮步骤

材料

糯米粉/白玉粉 glutinous rice flour……50g
白砂糖 sugar……100g
水 water……100mL
淀粉 potato starch……适量

1 糯米粉慢慢加入水，搅拌均匀，确认没有结块后，再加入白砂糖。

2 用保鲜膜轻轻盖起来，放入微波炉加热约2分钟。

*根据你用的微波炉的火力大小来调整时间。

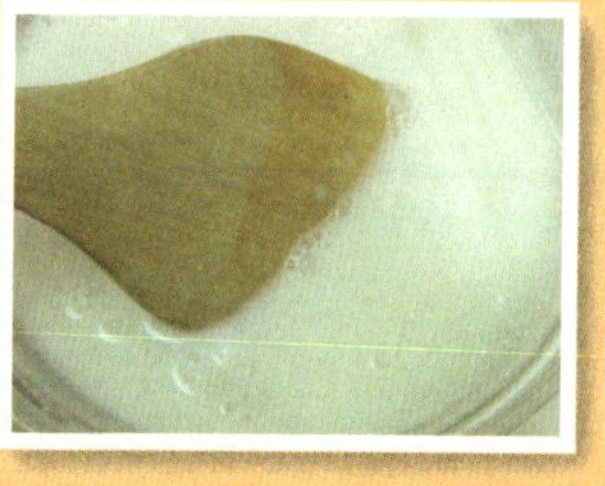

3 拿出来，用沾过水的木匙搅拌好，再放回微波炉加热1分钟。

*从碗旁边开始凝固，刮凝固好的部分搅拌到中间。

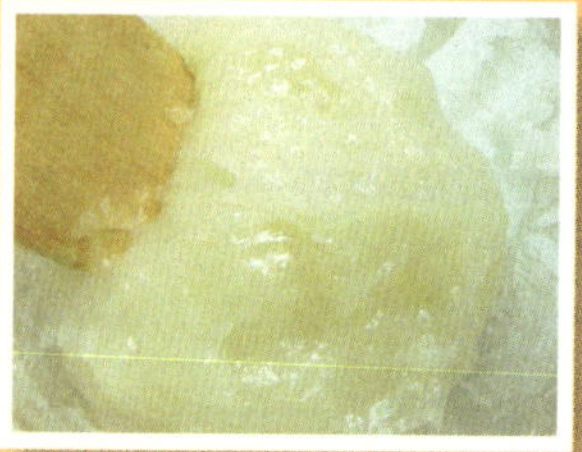

4 完全凝固搅拌好，变得亮亮的就行了！

*如果还没好，再用微波炉热一下。

Japanese dumplings with Edamame Sauce

爽快，健康！毛豆团子

4人份

材料

毛豆 edamame——120g
白砂糖 sugar——3大匙
水 water——3大匙（做糖水用）
盐 salt——少许
糯米粉 glutinous rice flour——100g
水 water——95~100mL（做团子用）

做法

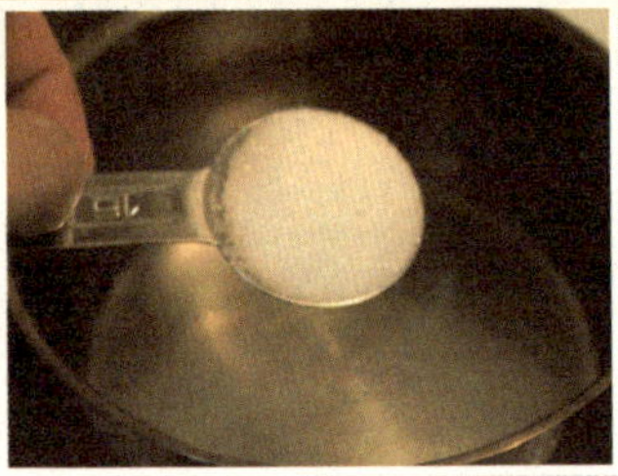

1 我买的是一包冷冻毛豆。

＊为什么我没有用新鲜的？因为我……太懒惰……（ ；）

2 先放入开水里煮一下。

＊它本来就已经是熟的，不需要煮太久。

3 做糖水。这次白砂糖和水我用1：1的比例。砂糖加入水中开始煮，等锅的边缘产生泡泡后，关火。

4 将煮毛豆的水倒掉，毛豆放入果汁机里。

5 加入步骤3的糖水，开始打！

＊注意！毛豆还热着，会喷出来，盖好盖子。放一块布，再打。

6 它很黏，打一下，停止。拿掉盖子，用刮刀刮掉粘在侧面的毛豆。重复几次。

7 毛豆打好了，取出，尝尝味道。不够甜再加入糖水。最后，加一点点盐。日文叫“了隐し味”（Kakushi Aji），意指“藏起来的味道”。这是“秘密武器”。

8 糯米粉里加点水。

＊水不要全部加入，看看面团的湿度、硬度，再斟酌加入。

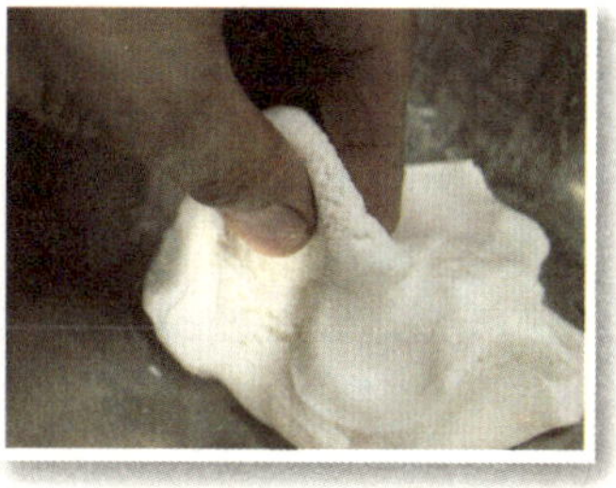

9 调整水量，做出像图片这样子就可以了！

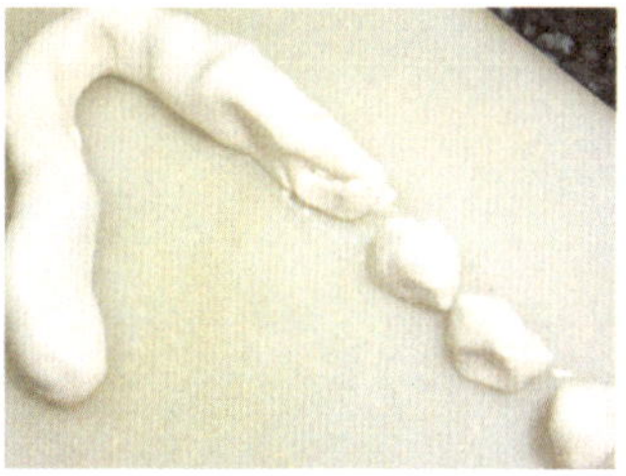

10 先做出来一个棒状的。然后，再用手切成大小均匀的小块。

11 做出一个一个的圆形，最后用手指在上面压出凹坑。

＊为什么要压出凹坑呢？因为这样子比较容易煮熟，也比较好放酱类！

12 放入开水里煮，等到浮起来就好了！

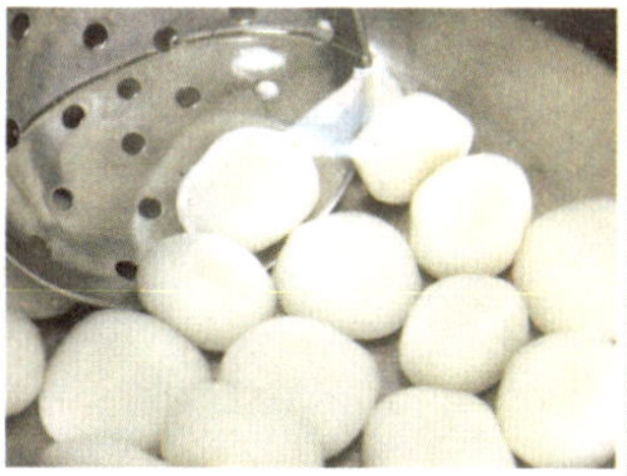

13 捞出后放在凉水里，等完全冷却后，装盘，淋上步骤1的糖水。

＊参考这种步骤，用绿豆代替也很好！

毛豆？甜点？它不是应做成咸的食物吗？不一定！我自己很爱吃毛豆。煮好的咸味凉毛豆，配啤酒，看电视，我是典型的日本宅男！（*￣□￣*）但是，它很好用。不但可以直接吃，也可以做成许多种料理。这次就利用毛豆来做甜点。老实说，我本来以为这种甜点叫枝豆团子，没想到，它是仙台的乡土料理，因为用那边的方言发音才变成这样！步骤很简单，味道不像红豆那么重，很淡，很清爽，给小朋友吃也很适合，一起动手做吧！^0^）/

Tofu & Sticky rice Doughnut

超简单！Mr.D风 豆腐波提 筋道十足的甜甜圈

6人份

材料

松饼粉 pancake mix——70g
白砂糖 suger——2小匙
黑芝麻 black sesame——2小匙（不加也可以）
嫩豆腐 silk tofu——50~60g
糯米粉 glutinous rice flour——40g
水 water——2.5大匙（不一定要全部加）

[装饰]
糖粉 powder sugar——适量
抹茶粉 green tea powder——适量
可可粉 cocoa powder——适量
巧克力酱 chocolate jam——适量
烤杏仁片 roasted almond slice——适量

我很喜欢吃Mr.Doughnut（日本一家甜点店）的甜甜圈。在日本时，Mr.Doughnut带给我许多的回忆。年少时，常常玩到很晚，来不及搭末班电车回家，只好跑到Mr.Doughnut店，与朋友们聊到天亮才回家。没想到台湾也有这家店，而且刚开张时，常要排队3小时，直到现在生意还是很好。我一直想要知道这种筋道十足的甜甜圈是怎么做的，试过各种比例，终于找到我觉得跟原本的口感很相像的！材料、步骤都很简单。周末和小朋友一起做吧！

＊大家还是可以去Mr.Doughnut买甜甜圈哦！（*￣—￣*）

做法

1 将松饼粉、白砂糖与黑芝麻（不加也可以）用打蛋器混合拌匀。

2 放入嫩豆腐，搅拌均匀。
＊利用豆腐的水分比用水做出来的要软。

3 在另一个碗里放入糯米粉，慢慢加水，用手揉到像耳垂一样的柔软度。

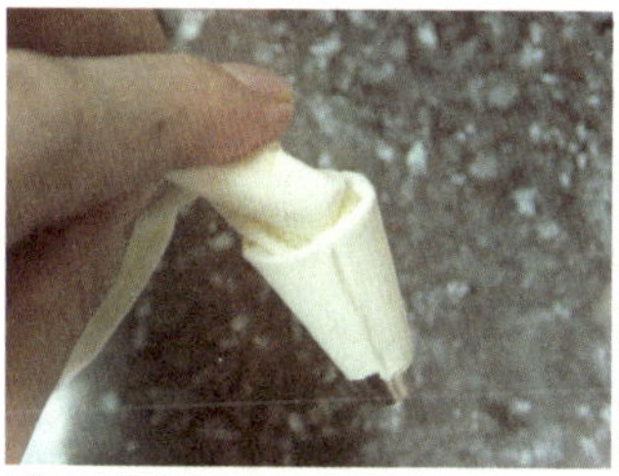

4 这次用挤花袋来挤面糊，挤花袋是白色三角锥形，使用直径1cm的圆形挤花嘴，把口那边卷起来压到里面去，可预防漏出面糊。

5 将步骤2的豆腐泥与步骤3的面糊混合后，倒在挤花袋里。

6 准备烘焙纸。

*烘焙纸在一般材料店都买得到。如果买不到，可以用涂一点油的铝箔纸。但它上面很会滑，要小心！

7 因为面糊很黏，很难控制挤出来的量，挤出来大小刚好的分量，再用剪刀切掉。

*本来，右手挤出来，左手剪掉。因为我自己拍照，没有办法。

8 手指沾水，抚平凸出来的部分，调整形状与位置。

*如果不太习惯使用挤花袋，用小汤匙（涂油）直接挖，装在纸上也是一个方法！^^

9 将油预热好（160℃左右），连同烘焙纸及面糊用锅铲盛装，翻面（面糊朝下，纸朝上）放入油里面炸。炸几秒后纸会自动分离，拿掉纸，翻过来继续炸。

*面糊的面先入锅炸，表面才有立体感。还有，纸比较容易分开。小心太用力会让油溅到手上！要慢慢来！

10 炸到呈金黄色，再翻面。炸好后，放在纸巾上吸收油。

*这个是没有加黑芝麻的。

11 把甜甜圈装饰成你喜欢的样子！用茶滤网撒糖粉、抹茶粉和可可粉。横切对半，放上打发好的鲜奶油，表面涂巧克力酱，撒上烤杏仁片。

Daifuku filled with custard sauce & yam

最爱红薯大福卡士达奶油酱

6 人份

材料

红薯 yam——1个

[大福皮]
糯米粉 glutinous rice flour——50g
白砂糖 sugar——25g
水 water——70mL
红薯泥 yam paste——1.5大匙

[卡士达奶油酱]
牛奶 milk——250mL
蛋黄 yolk——3个
白砂糖 sugar——35g
面粉（低筋）flour——30g
*因为需要成圆形，这次我多用一点粉。

很多和果子都会用到红豆。我个人不常吃红豆，但很爱吃大福。草莓大福、雪见大福（冰激凌），都喜欢！教学时，我喜欢让大家学到的不只是传统料理，还要有一点创新。当然，我非常尊重传统料理，但有时候也想改良一下，让不习惯吃传统口味的人轻松享受！这次，就用大家都很喜欢吃的红薯来做大福。红薯泥直接包起来也可以。这次是用卡士达酱把红薯包起来，再包大福皮，做成非常漂亮的三层大福！后来，我又做了红薯的！太好玩了！

做法

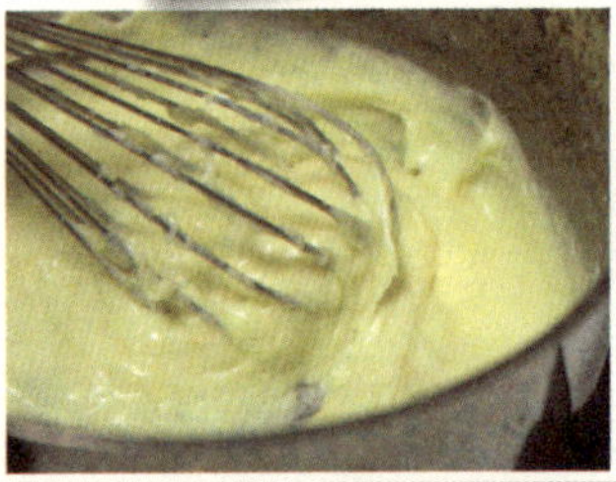

1 我们先来做“卡士达奶油酱”。步骤请看P.184。

2 红薯连皮放在蒸笼里蒸30～40分钟，去皮，切丁（如骰子一样大小）。剩下的放在碗里用擀面杖捣碎。

3 红薯泥放入筛子，慢慢过滤。

4 筛完后，只是我觉得很漂亮，所以拍了一张图片。其实，和菓子会用这个来做装饰？下次研究一下。

5 终于弄好了。(ˉ。ˉ)用手弄成小四方形。

6 将冷却好的卡士达奶油酱放在保鲜膜上，再放入弄成方形的红薯泥。

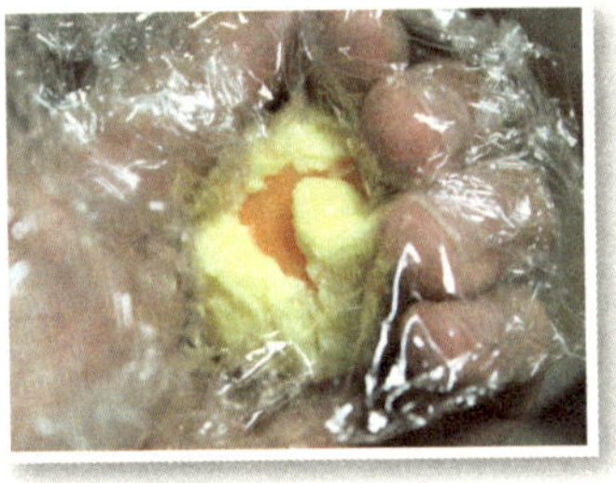

7 用保鲜膜将材料包裹起来。

8 卷紧一点后，放在凉水里。让它们好好休息（凝固）。、(^o^)/哇～好凉哦！

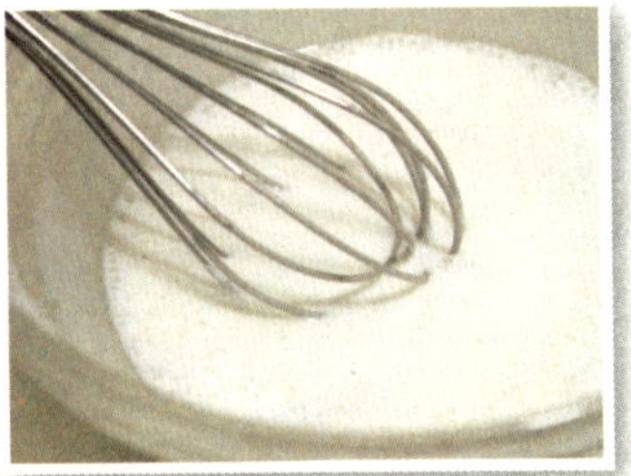

9 将“大福皮”的材料（包括红薯泥）放在碗里搅拌，盖上保鲜膜，放入微波炉加热。步骤参考P.209。

10 这次做的红薯大福皮，有一点橘色的吧！

11 做成水饺皮的样子。

*先把面糊全部做成皮，动作会比较顺。

12 将步骤8冰好的馅放在中间，拉旁边的皮，慢慢包起来呈圆形。

*也可用紫薯，步骤一模样。秋天还可用栗子、柿子，都是不错的创意！

Squash roll cake

非常南瓜卷蛋糕

8 人份

材料

[南瓜蛋糕皮]

鸡蛋 egg——4个
白砂糖 sugar——80g
面粉（低筋） flour——100g
南瓜泥A squash paste——50g

[南瓜馅]

鲜奶油 whipping cream——150mL
南瓜泥B squash paste——50g
南瓜泥C squash paste——150g

[装饰]

鲜奶油 whipping cream——100mL
巧克力 chocolate——25g
烤杏仁片 roasted Almond slice——20~30g

南瓜食谱又来了！我在超市看到非常吸引人的南瓜，都快卖完了！只剩一个，平常从不冲动买东西的我，看到这么漂亮的南瓜实在忍不住，买回来后放着也很好看！无论如何，它的颜色很深，味道很甜，虽然我已经做过很多南瓜料理，浓汤、意大利面、焗烤、比萨、布丁，还可以做什么呢？最近厨房里没有夏天时那么热，是适合做蛋糕的季节。那么就来做一个万圣节前的蛋糕吧！

做法

1 我这次买的南瓜，非常漂亮。也可以把它放在客厅，很有万圣节的气氛哦！

＊它的皮是橘色的，不要买错哦！买绿色的皮也行，日本的南瓜也可以用。

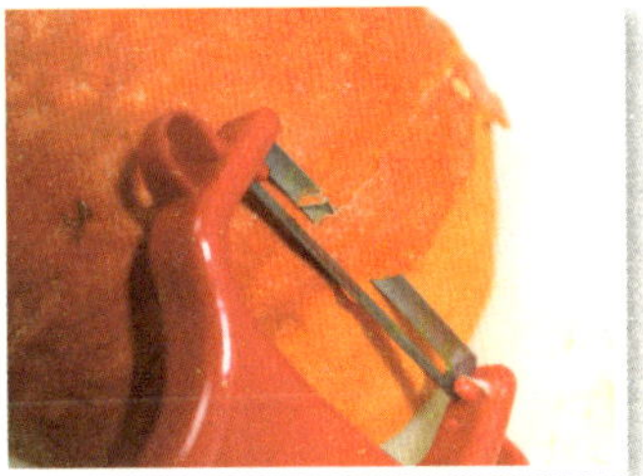

2 用削皮刀削去南瓜皮。

＊如果太硬，先切一半，用保鲜膜包起来放入微波炉热一下，或放在蒸笼里蒸一下，这会使南瓜皮变软，比较容易处理！

3 南瓜切小块，放在蒸笼里蒸熟。

4 用筷子插得进去的话，表示南瓜已经熟了！

5 用刮刀、筛网过滤，压成南瓜泥。

6 它的颜色是非常深的橘色，做成蛋糕会是什么样？好期待！先量好放在碗里，冷却一下。分成3份，分别为南瓜泥A（50g）、B（50g）、C（150g）。

＊一次蒸一整个，做成泥，可放在密封袋冷冻起来，下次可以用！由于尚未加入调味料，可以做咸的或甜的！

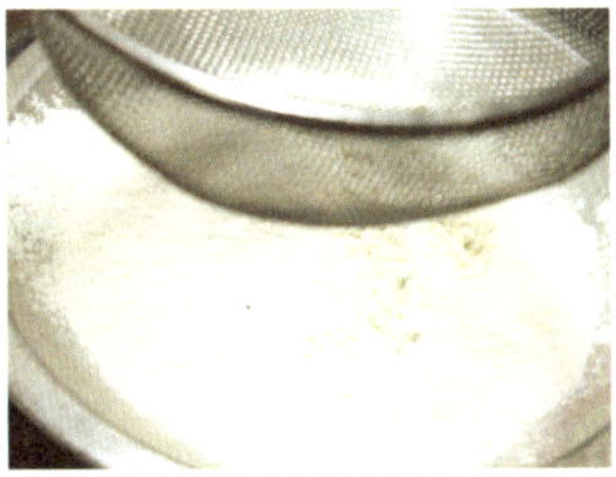

7 面粉过筛筛好。

＊对了！这时候差不多要开始预热烤箱（上下火均为180℃）。别忘记喽！

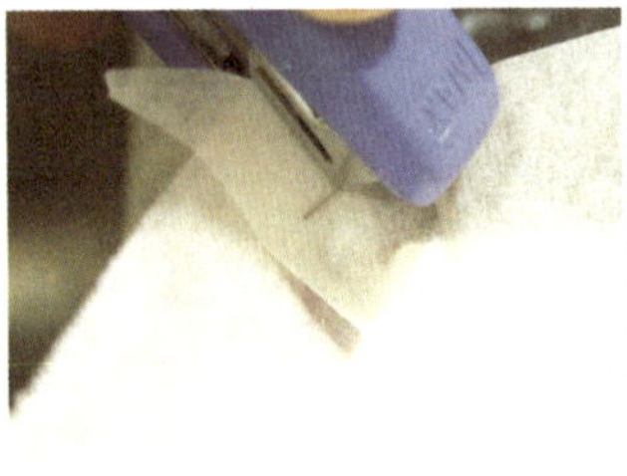

8 取1片烘焙纸放在铁板（28cm×30cm）上。角落切开后合起来，再用钉书机钉好。

9 铁板不一定要一模一样的大小，大概一致就可以了。

10 鸡蛋和白砂糖一起放入钢盆里，搅拌一下。

11 一边隔热水加热，一边轻松搅拌。

＊为什么要加热呢？鸡蛋加热比较好打发。

12 摸摸蛋液，感觉温温的就可以拿出来，用搅拌机搅拌。

＊我用的是搅拌器，当然也可以用小型的搅拌机哦！如果你心情好想要运动的话，用手打发也可以！

13 打多久呢？将搅拌器拿高，用蛋液可以画线，画出的线一直停留在表面，就表示打发好了。

14 或牙签插进去不会倒，就表示差不多了！

15 加入一半筛好的面粉。用切的动作（不是搅拌）拌一下。

＊不要一次全部放进去！太多的话，泡泡会破掉。

16 再加入剩下的面粉。同样做切的动作，确认面粉都已混合好。

17 往步骤16中加入南瓜泥A，用打蛋器搅拌一下。

＊如果南瓜泥直接加入面糊会不好混合。

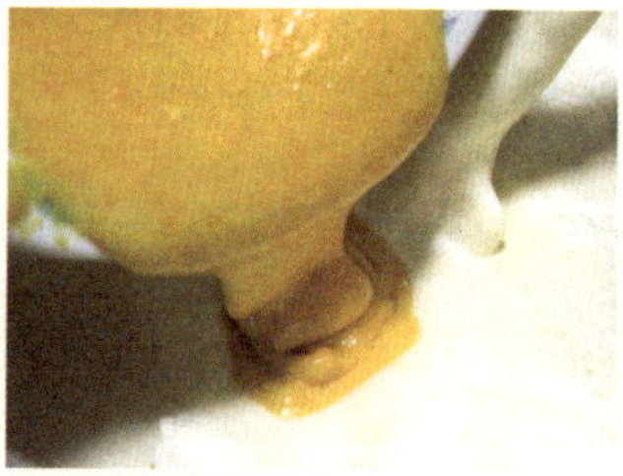

18 南瓜泥混合好，放回步骤16的盆里，再轻轻搅拌。

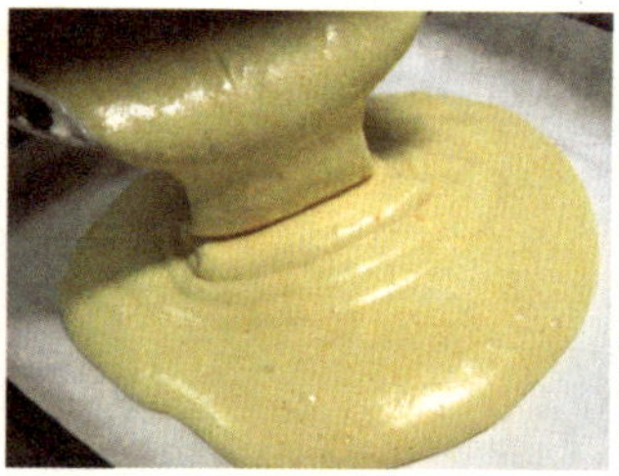

19 倒在铁板上。

20 用刮刀把表面弄平。

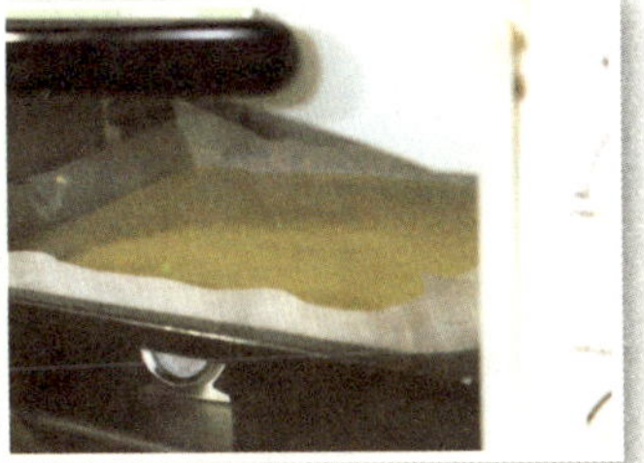

21 放入烤箱，以180℃烤到熟（需10～13分钟）。

22 蛋糕烤好后，连烘焙纸从铁板上拿出来，放在网子上面，盖上布。让它慢慢冷却。

＊用布盖起来很重要！不要让它蒸发太多的水分。保持蛋糕皮的水分！如果太干的话，等一下卷的时候很容易裂开！ （—_—;）

23 确认蛋糕已经冷却后，蛋糕皮卷起来，在下面的旁边斜切。

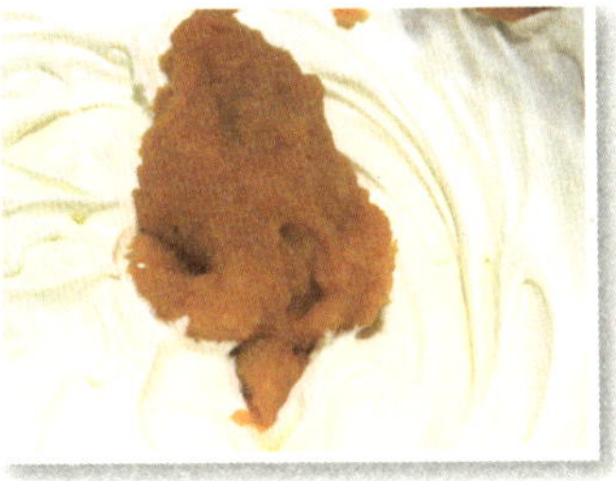

24 开始做馅，鲜奶油打发好，加入南瓜泥B，一起搅拌。

25 放在蛋糕上面，涂抹均匀。

26 涂好后用刀子刮2～3条线。

＊因为皮太厚不好卷，这样子比较好卷。

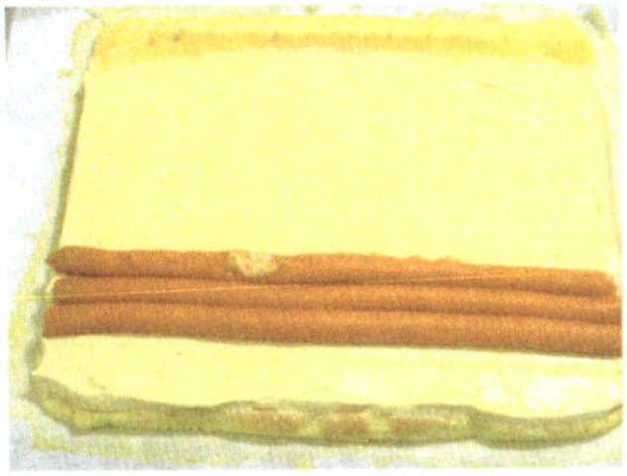

27 南瓜泥C放在挤花袋中，挤出2～3条线。

28 连烘焙纸慢慢卷起来。

29 卷好后，用保鲜膜包好放入冰箱内冷藏至少3小时，最好放置一个晚上，让它合起来。

30 终于，到了装饰阶段！(*_*) 已经步骤30了！打发鲜奶油，涂在表面。

31 熔化巧克力，用烘焙纸做成小挤花袋，切一个小口，在蛋糕上画很细的线。

32 旁边贴烤杏仁片。感谢老天，终于完成了！但这是必要的步骤哦！

＊装饰不一定要这样子，卷后放冰箱冷冻起来，直接吃也可以。只要记住南瓜本身口感有一点干的感觉，所以旁边放一点打发的鲜奶油才比较配！